国家电网有限公司
STATE GRID
CORPORATION OF CHINA

U0159321

国家电网调控机构安全生产保障能力

国家电力调度控制中心　组编

评估标准

中国电力出版社
CHINA ELECTRIC POWER PRESS

图书在版编目（CIP）数据

国家电网调控机构安全生产保障能力评估标准 / 国家电力调度控制中心组编. —北京：中国电力出版社，2020.1
ISBN 978-7-5198-4252-9

Ⅰ. ①国… Ⅱ. ①国… Ⅲ. ①电力系统调度–安全生产–评估–标准 Ⅳ. ①TM73-65

中国版本图书馆CIP数据核字（2020）第023383号

出版发行：中国电力出版社	印　　刷：三河市百盛印装有限公司
地　　址：北京市东城区北京站西街 19 号	版　　次：2020 年 3 月第一版
邮政编码：100005	印　　次：2020 年 3 月北京第一次印刷
网　　址：http://www.cepp.sgcc.com.cn	开　　本：787 毫米×1092 毫米　横 16 开本
责任编辑：陈　倩（010-63412512）	印　　张：16
责任校对：黄　蓓　常燕昆	字　　数：361 千字
装帧设计：张俊霞	印　　数：00001—14000 册
责任印制：石　雷	定　　价：80.00元

编 委 会

主　　任　李明节　董　昱
副 主 任　舒治淮
审　　核　周　济　伦　涛

省级以上调控机构安全生产保障能力评估标准编写人：

胡超凡　程　逍　罗治强　梁志峰　张剑云　刘　宇　陶洪铸　杨　斌　周劼英　黄　忠　王　震　叶　俭　万　雄
杨　琦　李旭洋　刘家庆　李　欣　赵永龙　刘一民　王　帆　常风然　孙伯龙　马迎新　韩卫恒　杨　畅　郭万舒
丁凌龙　黄志光　徐　贤　张　静　崔云生　文　峰　郝　毅　张　勇　王国栋　陈　卓　刘海洋　李上一　秦　杰
张　欣　吴华华　谢大为　陈郑平　汤卫东　于文娟　肖大军　陈明亮　陈　乾　李蓓贝　李　斌　张弘鹏　孙　羽
孙明一　徐　斌　马继涛　兰　天　郭希海　徐　峥　程　松　江国琪　王　炫　智　远　施维刚　朱仔新　崔葛安
乔彦君　李全茂　侯锐杰　常　鹏　胡红菊　张启雁　朱卫卫　李修军　张　蓓　周开喜　杜成锐　刘　艳

地县级调控机构安全生产保障能力评估标准编写人：

杨梓俊　张　欣　许　琦　张　志　张　放　李　平　董时萌　范高锋　张　怡　徐　凯　南贵林　杨　琦　李新鹏
高　军　赵瑞娜　李　晨　叶　婷　朱　剑　陈　霞　焦　鹏　卢　红　祁　明　王华雷　孟屹华　陈　瑾　缪建国
倪　鸣　王　宁　范　斗　张　艳　曾　灵　陈　航　耿　艳　李　新　于光波　邓　颖　杨　帅

前　言

　　调控机构安全生产保障能力评估是电网安全管理工作的重要组成部分，是发挥调控系统保证体系和监督体系作用的重要体现，目的是实现对调控系统安全生产保障能力进行全面诊断和量化评价，使调控机构负责人及生产一线人员对调控安全状况有全面、客观了解，为电网调控运行安全生产的决策提供依据。

　　为了进一步夯实调度机构安全工作基础，主动适应特高压集中投产、新能源快速发展、网络安全防护要求、国家电网有限公司内外部改革带来的新形势，国家电力调度控制中心组织各单位充分总结调控系统各单位上一轮安全生产保障能力评估工作情况，在《国家电网公司省级以上调控机构安全生产保障能力评估办法》（国家电网企管〔2014〕176 号）及《国家电网公司地县级调控机构安全生产保障能力评估标准》（调技〔2016〕136 号）的基础上，结合 2014 年以来实施的专业标准（国标、行标、企标）、规章制度、技术反措等有关要求，充分考虑各级电网调度运行管理实际需求，组织编写了《国家电网调控机构安全生产保障能力评估标准》。

　　本标准适用于国家电网有限公司所属各级调度机构的安全生产保障能力评估工作，由国家电力调度控制中心组织编写并负责解释。

编　者

2019 年 12 月

目　　录

国家电网省级以上调控机构安全生产保障能力评估标准

序号	评价项目	标准分	评分标准	查证方法	评分方法	备注
1	**调控运行**	270				
1.1	上级调控部门对本单位调控运行工作的评价	20				结合考核期内参与考核的数据及各项工作完成情况进行评分
1.1.1	调控运行专业布置重点工作的落实情况	10	查评上一年度调控运行专业布置重点工作的落实情况，包括工作进度、人员安排、工作效果等	由上级调控部门根据工作落实情况具体打分	如果存在重点工作没有按时落实的情况，每发现一项，扣40%标准分；其他情况可以酌情扣分	
1.1.2	调度运行纪律执行情况	10	上级调控部门对本单位在调度纪律执行、故障处置协同配合等方面的综合评价	查阅上级调控部门意见	发生违反调度纪律执行、故障处置协同配合，每发现一次，扣50%标准分	
1.2	调控运行管理制度	15				
1.2.1	管理制度执行与制定	7	调控机构应切实执行《国家电网调度控制管理规程》《国家电网调控运行专业管理规定》中关于值班岗位设置、调控运行交接班、倒闸操作、设备监控、运行监视、故障处置、运行后评估、安全内控、大面积停电应急、故障预案、故障演练、备用调度、信息报送、持证上岗等各项管理制度；应制定调控运行值班人员工作考核管理办法、直调厂站调控运行工作考核管理办法等	查阅各项管理制度落实情况及考核管理办法制定情况	每发现一项制度落实不到位，扣20%标准分；每缺少一项规定或管理办法，扣20%标准分	本项为重点评估项目
1.2.2	重大事件汇报制度	2	调控机构应根据上级调控机构有关规定，及时滚动修订本机构相应制度	查阅有关制度	未及时修订，本项不得分	

序号	评价项目	标准分	评分标准	查证方法	评分方法	备注
1.2.3	调度操作管理规定	2	调控机构应结合调控一体、业务流程变化、规范化操作要求等情况，相应修订各自的调度操作规定	查阅有关文档	未及时修订，本项不得分	
1.2.4	在线安全分析规定	2	结合在线安全分析工作开展情况，及时修订相关规定	查阅有关规定	未及时修订，本项不得分	
1.2.5	日内现货市场规定	2	结合日内现货市场开展情况，修订相关规定	查阅有关规定	未及时修订，本项不得分	
1.3	调控实时运行管理	102			检查前的一年内发生调度人员责任的误操作事件，扣50%标准分	该扣分与以下各项检查扣分分值进行叠加
1.3.1	调控运行值班人员人数	8	调控运行值班人员人数应按国家电网有限公司定员标准配置，并满足《国家电网调控运行专业管理规定》中相关要求；每值应配置专职安全分析工程师；开展省内现货交易的调控机构，每值应配置专职日内现货交易员	参照定员标准及现货交易开展情况，向有关部门了解情况	不满足国家电网有限公司人资部门等相关要求的，每少1人，扣10%标准分；不满足安全分析工程师、现货交易员配置相关要求的，每少1人，扣10%标准分	本项为重点评估项目
1.3.2	调度操作管理	4	值班调度员下令操作应严格遵守调度操作规定，执行标准下令流程，使用规范调度术语；主网重大操作前应编制故障处置预案并进行演练、开展在线安全分析	查看调度操作记录，抽查10个调度员下令操作的电话录音	调度术语不规范、下令流程不标准等，每发现一次，扣5%标准分；主网重大操作前，未编制故障处置预案并进行演练、未开展在线安全分析，每发现一次，扣20%标准分	

序号	评价项目	标准分	评分标准	查证方法	评分方法	备注
1.3.3	操作票流程化管理	4	调控机构根据核心业务流程化管理要求,按操作票管理规定对操作票的拟票、审票、下票、操作和监护各个环节进行严格管理,计划性操作提前下发操作票预令,每月对操作票进行统计、分析、考评	抽查调度和监控操作票各20份。查看操作票统计、分析、考评报告	未按核心业务流程管理执行,本项不得分;在抽查的操作票中,每有一项不合格,扣10%标准分;未提前下发预令的,扣20%标准分;操作票未按时统计、分析、考评的,扣30%标准分	
1.3.4	操作票智能化	4	操作票系统应具有纠错、防误功能,具备操作前后潮流校核、拓扑比对功能,对操作票的执行过程和统计分析进行计算机管理。操作票具备在调控机构和厂站之间电子化下发、接收功能。对于使用网络化下令的单位,还需要具备人员身份信息验证等功能	查看使用计算机生成的操作票,检查操作票计算机管理系统的功能	没有操作票系统,不得分;没有纠错能力,扣20%标准分;不具备操作前后潮流校核、拓扑比对功能,扣10%标准分;不符合流程管理要求、不能自动进行操作票执行过程和统计分析,扣30%标准分;操作票不具备电子化下发、接收功能或功能不完善的,扣20%标准分;使用网络化下令的单位,不具备人员身份信息验证等功能,扣20%标准分	本项为重点评估项目
1.3.5	调控值班管理	3	调控机构应按有关规定对调控运行场所和运行值班纪律、交接班流程进行规范化管理,交接班内容清楚、手续完备	现场检查运行场所和值班纪律,抽查运行日志及交接班过程	如不符合规定,每发现一项,扣30%标准分	

序号	评价项目	标准分	评分标准	查证方法	评分方法	备注
1.3.10	联络线监控	4	有联络线运行管理办法,能够对联络线进行在线监测和告警,不发生联络线超稳定限额运行的情况	查阅日、月、年联络线越限统计情况	无联络线运行管理办法,本项不得分;每发生一次联络线超稳定限额运行,扣10%标准分;每发生一次联络线连续10min超稳定限额运行,扣50%标准分	
1.3.11	安控装置运行信息实时监视	5	能够对安全自动装置切机、切负荷容量的进行监测,并能查阅历史曲线,确保不发生切机/负荷容量不足的情况	现场查阅历史切机、切负荷容量曲线	切机、切负荷容量在线监测和告警,每缺失一处,减30%标准分	
1.3.12	电网实时平衡能力监视	5	电网实时平衡能力监视画面可以显示本级电网/控制区/分区的发受电电力、发电电力、受电电力、新能源可用发电电力、新能源实时发电电力、风电实时发电电力、光伏实时发电电力、新能源调峰受阻电力、新能源断面受阻电力、电网向下调节能力、新能源受阻标识,及火电机组的开机容量、实时发电电力、最小技术出力;本级电网新能源受阻标识,电网内影响新能源消纳的关键断面的潮流方向、功率、限额;相关跨省、跨区联络线潮流方向、功率、限额等数据	查阅监视画面,现场考察调度员,对比与其他途径报送数据的一致性	对于调度员对功能应用掌握不足、监视图需求缺失、监视图更新维护不及时、数据错误、公式不合理、未及时发现异常、未及时反馈、解决问题等情况,每出现一次,扣20%标准分	

续表

序号	评价项目	标准分	评分标准	查证方法	评分方法	备注
1.3.13	国分省协同监视	5	协同监视画面中应正确显示相关直流运行情况、近区网架结构、重要断面限额及潮流、影响直流限额的设备运行情况、直流闭锁后受端可调旋备、相关安控运行情况等	现场查阅监视画面	相关内容缺失或不准确，每出现一次，扣20%标准分	
1.3.14	电网在线安全分析	5	按《国家电网调控运行专业管理规定》要求开展在线安全分析工作，执行电网实时分析计算、日常联合分析计算、重大停电操作前分析计算、电网故障后分析计算，并形成相应计算报告	现场检查电网在线分析系统的功能，查阅计算报告	系统功能不满足运行要求，扣50%标准分；未按要求执行在线安全分析，每缺一次，扣10%标准分	应实现操作前在线校核、运行中在线扫描和越限告警、事故后在线分析
1.3.15	日内滚动发电计划	5	电力日内实时平衡和发电计划实时优化、自动调整。有日内滚动发电计划技术支持功能，符合应用规范并在线运行。各单位应按规范报送日内计划校核七大类数据，做到数据完整，预测准确。调度员应能熟练使用日内滚动发电计划技术支持功能，并能根据负荷变化和联络线调整需要修改相应策略	现场检查实时发电计划技术支持功能。查阅发电计划滚动修改记录。现场考查调度员	没有日内滚动发电计划技术支持功能、不能自动调整或未实际在线运行的，本项均不得分；实时调整未遵守应用规范和有关规定，本项不得分。每发现一次日内计划数据未及时上报，扣20%标准分；每发现一次报送不完整、不准确，扣10%标准分	
1.3.16	日内现货市场	4	建立交易支撑系统，按市场规则组织日内市场交易。值班调度员熟练掌握现货交易系统使用方法	检查交易支撑系统功能，检查日内交易情况，现场抽查调度员对交易系统的使用掌握程度	交易支撑系统未建设者，本项不得分；交易员对平台使用不熟练，扣5%标准分	

序号	评价项目	标准分	评分标准	查证方法	评分方法	备注
1.3.17	设备集中监控	8	有设备集中监控功能,能够对集中监控范围内设备开展事故、异常、越限、变位等信息监视和处置。不发生设备运行信息漏监控事件	查阅 D5000 中设备监控功能,查阅监控日志中监控信息处置相关记录	无设备集中监控功能,本项不得分;发生一次监控信息漏监视事件,不得分;监控信息未按要求处置,每一条扣 10%标准分	
1.3.18	输变电设备状态在线监测	3	监控员应每班通过输变电设备在线监测系统,巡查输变电设备状态在线监测系统告警有无变化	查阅输变电设备在线监测系统巡视记录	无输变电设备在线监测系统或未制定并执行巡视制度,本项不得分;未能有效实施实时监测、在线分析和告警处理,每发现1 次,扣 20%标准分	
1.3.19	无功及电压实时运行管理	4	能够对系统电压进行在线监控,对电网进行自动电压控制。监控员负责监控范围内各级母线电压的运行监视和调整,不发生母线电压越限的情况	查阅电网电压分析月报、自动电压控制运行月报	无电压监视或遥控调整功能,本项不得分;不能对母线电压越限情况进行自动排序,扣 20%标准分;每发生一次母线电压连续 20min 超限额运行,扣 10%标准分	
1.3.20	监控设备异常及缺陷管理	4	监控员应根据监控范围内设备异常及缺陷分级和严重程度,按照规定流程迅速处理,形成记录	查阅异常及缺陷处理的记录资料	异常及缺陷处理记录不完整或不真实,本项不得分	
1.3.21	监控信息接入验收	4	开展监控信息接入验收工作,内容包括遥测、遥信、遥控、监控画面及调度自动化系统相关功能的验收	查阅验收材料	未开展监控信息接入验收工作,本项不得分;验收材料每少 1 次,扣 50%标准分;验收工作不规范,扣 30%标准分	

序号	评价项目	标准分	评分标准	查证方法	评分方法	备注
1.4	调控运行安全管理	58				
1.4.1	调控安全内控管理	5	省级以上调控运行专业设置兼值处内安全员；每月开展安全内控检查，按照规范组织风险预控、隐患排查、值班场所安全巡视；每月开展安全日活动，学习安全文件，开展事故分析，通报电网运行注意事项，进行安全培训等	查阅安全内控报告、隐患排查报告、安全巡视报告、安全日活动记录等	未设立处内安全员，不得分；安全内控报告、隐患排查报告、安全巡视报告等，每少1份，扣20%标准分；未按期开展安全日活动，每次扣20%标准分	
1.4.2	典型事故处置预案	6	调控机构应根据电网薄弱环节和上级调控机构有关规定编制典型事故处置预案，并根据电网结构和方式变化滚动修订，组织各级调控预案的学习、交流、演练	查阅1年内所编制的典型事故处置预案和交流演练记录。现场考问	典型事故处置预案不符合电网运行实际，起不到指导作用，本项不得分；预案数量不满足调控运行需要，扣50%标准分；未含互联电网联合处置预案内容，扣20%标准分；未及时滚动修订的，扣30%标准分；未组织各级调控预案的学习、交流、演练，扣50%标准分；调控运行人员掌握不好的，扣50%标准分	本项为重点评估项目
1.4.3	电网重大方式变化的处置预案	4	在电网发生重大方式变化时，调控机构应编制详尽的处置预案	查阅1年内的有关资料	处置预案每少1次，扣20%标准分	

序号	评价项目	标准分	评分标准	查证方法	评分方法	备注
1.4.4	故障处置演练	6	每月至少进行 1 次调控故障处置演练,每季度至少进行 1 次两级以上调控机构参加的系统联合故障处置演练。故障处置演练应使用调控联合仿真培训系统。调控联合仿真培训系统应具备变电站仿真、省地联合演习功能	查阅故障处置演练相关资料	不能按月进行故障处置演练,扣15%标准分;每年未进行两级以上调控机构参加的联合故障处置演练,扣40%标准分;月度故障处置演练未使用仿真系统,每次扣10%标准分。仿真系统不具备相应功能,扣20%标准分	本项为重点评估项目
1.4.5	备用调度切换演练	5	定期组织主备调切换演练,包括月度演练、季度演练、年度演练。调控机构每月应组织一次调控运行、自动化、通信专业演练,逢重要保电可视情况安排主备调同步值守;每季度应组织一次备调短时转入应急工作模式的整体演练,每年至少组织一次备调转入应急启用工作模式、调控指挥权转移的综合演练	查阅备调演练相关资料	未按月进行切换演练的,扣15%标准分;季度演练每缺少 1 次,扣15%标准分;未进行年度演练的,扣50%标准分	本项为重点评估项目
1.4.6	电网运行危险点分析	5	调控运行人员应针对当前电网运行情况,分析发用电平衡、特殊方式、重大操作、易越限断面等运行危险点,必要时进行在线安全分析、制定事故处置预案。每日完成至少一份分析材料	查阅电网运行危险点分析材料	无电网运行危险点分析,本项不得分;分析材料每缺少 1 次,扣10%标准分;分析材料缺少发用电平衡、特殊方式、重大操作、易越限断面,每项扣20%标准分	本项为重点评估项目
1.4.7	调控运行人员熟悉调控应急处置预案的要求	6	调控运行人员应熟悉电网大面积停电、黑启动、通信中断、自动化全停、调控场所失火等严重事件调控应急处置预案	现场抽查调度、监控员对应急处置预案掌握情况	调控运行人员不知道,本项不得分;不熟悉,扣50%标准分	

序号	评价项目	标准分	评分标准	查证方法	评分方法	备注
1.4.8	应急处置资料	4	调控机构应备有离线版的下级调控机构电网接线图,并每年更新;应具有调控联系单位电网应急处置联系人员名单和联系方式,并及时更新	查阅有关资料,并检查验证	无离线版的下级调控机构电网接线图,扣50%标准分;未及时更新,扣20%标准分。无调控联系单位电网应急处置联系人员名单和联系方式,扣50%标准分;未及时更新,扣20%标准分	
1.4.9	调控运行人员使用智能电网调度控制系统各种应用的要求	5	值班调控运行人员应熟练使用智能电网调度控制系统的各种基本应用	查阅有关规定,现场考查值班调控运行人员	每发现一位调控运行人员不能熟练调用基本画面和使用AGC、WAMS等功能模块,扣20%标准分;每发现一位安全分析工程师不能熟练使用在线安全分析功能开展分析计算,扣50%标准分	本项为重点评估项目
1.4.10	值班调控运行人员掌握电网运行情况的要求	6	值班调度员应随时掌握当值电网运行状况(如电力平衡、频率和电压、稳定限额、接线方式、设备检修、故障处置预案、负荷特性、本班操作任务及进程等),监控员应掌握监控范围内设备情况、缺陷情况、操作任务及进程等	现场考查调控运行值班人员	每发现一位正式值班调控运行人员不熟悉当值电网运行状况,扣20%标准分	
1.4.11	电网事故处置分析和总结	6	调度员应迅速、果断、正确处置电网事故。发生事故后调控机构及时进行分析评估,提出改进措施。每年初将上年度事故分析报告汇编成册	查阅电网事故处置总结资料	电网事故处置不迅速、不正确,本项不得分;对电网事故总结和分析材料每少1次,扣50%标准分	本项为重点评估项目

序号	评价项目	标准分	评分标准	查证方法	评分方法	备注
1.5	调控运行专业管理	60				本项为重点评估项目
1.5.1	电网调度运行统计分析	8	严格执行调控运行专业统计分析管理规定,规范调度口径及全口径数据管理;电网调度运行相关分析、汇报数据均应使用调度口径;实现10kV及以上分布式光伏数据全采集并纳入调度口径,实现220/380V分布式光伏数据全采集并纳入全口径;建立电网调度运行分析机制和应用系统,自动生成电网运行指标日报表,每月开展电力电量运行分析并形成调度运行数据分析报告	查阅电网运行指标报表和调度运行分析报告	调控运行信息未使用调度口径或口径数据管理不规范,每发现一处,扣50%标准分;未实现分布式光伏全采集,扣50%标准分。不能自动生成电网运行指标日报表,扣50%标准分;未开展电力电量运行分析并形成调度运行数据分析报告,每次扣20%标准分	
1.5.2	频率管理	4	能够对系统频率和联络线交换功率进行在线监视和告警,通过发电机组自动控制(AGC)以及一次调频在线控制功能,加强对联络线交换功率和系统的频率管理	查阅电网频率分析月报,AGC运行月报,机组一次调频运行月报。查看机组一次调频功能在线监测系统。抽查调控运行人员对发电机组自动控制(AGC)以及一次调频在线控制功能的掌握程度	发生因本网调整不当导致频率越限,本项不得分;无分析月报的,扣50%标准分;不能熟练使用发电机组自动控制(AGC)或一次调频在线控制功能的,扣30%标准分	
1.5.3	超计划用电限电序位表和事故限电序位表	4	调控机构应每年制定或配合政府部门编制所辖电网的事故限电序位表,并报政府有关部门批准;调控机构应具有当年超计划用电限电序位表,并编制相应执行流程	查阅超计划用电和事故限电序位表及执行流程	序位表每缺一项,扣40%标准分;执行流程每缺一项,扣10%标准分;无序位表,本项不得分	分中心应收集全网限电序位表
1.5.4	重大事件汇报	5	严格执行重大事件汇报规定,确保重大事件通报及时、准确、畅通	根据上级调控机构提供的材料	重大事件汇报不及时、不准确,每次扣50%标准分	

序号	评价项目	标准分	评分标准	查证方法	评分方法	备注
1.5.5	调控生产信息报送	5	严格执行调控生产信息报送制度，做到口径正确、报送及时、数据准确	根据上级调控提供的材料	调控生产信息报送不及时、不准确，每次扣20%标准分	
1.5.6	调控运行人员信息报送	3	调控机构应在调控运行人员（含岗位）或联系方式发生变化时及时将现有调控运行人员名单及联系方式报告上级调控机构，并通知各调控业务联系单位	抽查调控联系单位	每发现一家调控联系单位所持有的该调控机构的调控运行人员（含岗位）和联系方式不正确，扣50%标准分	
1.5.7	调控运行反馈机制	3	应具备技术支持系统需求申请流程、技术支持系统使用问题反馈流程，实现调控运行技术需求及问题反馈的闭环管理控制	查阅相关规定、工作流程、工作记录等	没有相关规定、工作流程，本项不得分；技术需求及问题反馈业务流程未实现闭环，扣50%标准分	
1.5.8	调度、监控员工作考核	3	调控机构应按调控运行值班人员工作考核管理办法对调度、监控员工作进行量化评价和考核	查阅调度员、监控员工作考核记录	没有相应考核记录，本项不得分	分中心不参与监控员工作考评
1.5.9	并网发电厂调度运行管理	3	严格执行并网发电厂运行及辅助服务管理办法。每年至少组织召开一次厂网运行情况通报及分析会议，总结、交流运行情况	查阅调度日志、会议材料等相关资料	未严格执行管理办法，每次扣20%标准分；未召开厂网运行分析会议，扣30%标准分	
1.5.10	直调厂站调控运行工作考核	3	调控机构应按照直调厂站调控运行工作考核管理办法每月对直调厂站执行事件汇报、倒闸操作、运行值班等工作进行总结分析。对完成不好的单位，分析原因，提出整改要求，并进行考核通报，对运行中出现的重大问题的厂站，应及时约谈厂站运行负责人或组织召开专题分析通报会	查阅相关资料	没有相应检查、分析、考核、公布记录，本项不得分；未对运行中出现的重大问题的厂站运行负责人进行约谈或通报，扣50%标准分	

序号	评价项目	标准分	评分标准	查证方法	评分方法	备注
1.5.11	调控运行专业会议	4	每年组织下级调控机构召开一次调控运行专业会议,分析和协调解决当前电网运行中存在的安全问题,总结、交流安全管理工作经验,布置工作任务,检查落实情况	查阅专业会议纪要	未召开调控运行专业会议,本项不得分;问题抓得不准,解决效果不佳,扣50%标准分	
1.5.12	在线安全分析基础数据质量	5	评价智能电网调度控制系统在线数据质量以及电网设备运行状态准确率	根据上级调控提供的材料	重要断面有功、中枢点电压的计算值与实际值相差超过 0.5%,每出现一处,扣10%标准分;电网设备运行状态与实际状态不一致的,每出现一处,扣10%标准分	
1.5.13	流程规范化管理	5	调度操作票、调控持证上岗、故障预案编制、在线安全分析等应使用SOP(标准操作程序)并上线	查阅相关资料	每缺少一项 SOP(标准操作程序)或未上线,扣20%标准分	
1.5.14	调控人员承载力评估管理	5	建立并完善调控人员承载力评估体系,定期(至少按月度)开展承载力分析	检查承载力评估系统,查阅承载力分析报告	缺少年度承载力分析报告,此项不得分;每缺少一次月度承载力分析报告,扣10%标准分	
1.6	调控运行人员培训	15				分中心不参与监控员培训工作考评
1.6.1	培训计划	3	调控机构应制定本部门值班调度、监控员的年度培训计划并实施。结合电网实际情况,编制岗位培训手册和培训试题库,每年应对调度、监控员进行调度管理规程和相关内容的考试	查阅培训计划、题库和工作记录	无培训计划,本项不得分;未按计划实施,每缺一项,扣20%标准分;未进行调度管理规程和相关内容考试,扣30%标准分;没有试题库和培训手册,扣30%标准分	

序号	评价项目	标准分	评分标准	查证方法	评分方法	备注
1.6.2	开展调度和监控专项交叉培训	2	调控机构应制定调度和监控交叉培训计划并实施	查阅培训计划和工作记录	无交叉培训计划，本项不得分；未按计划实施，每缺一项，扣20%标准分	
1.6.3	直调厂站运行人员培训	2	调控机构应制定调控范围内运行人员有关调控内容的培训计划，每年应对调控范围内运行人员进行调度管理规程等专业知识培训、考试	查阅档案和工作记录	没有培训计划，本项不得分；未进行调度管理规程等专业知识培训、考试，扣50%标准分	
1.6.4	持证上岗管理	2	调控机构应对调控范围内新上岗调度员（含安全分析工程师）、监控员、厂站及变电运维人员进行持证上岗考试,对调控范围内已通过上岗考试人员进行抽考，对违反调度纪律的运行值班人员，应进行批评教育，情节严重者应取消上岗资格	查阅档案和工作记录	发现调控范围内运行值班人员未通过调控系统组织的考试而上岗的，或在岗人员三年没有被抽考的，每人次扣10%标准分；没有对违反调度纪律的值班人员进行批评教育，没有对情节严重者取消上岗资格，扣50%标准分	本项为重点评估项目
1.6.5	值班调度、监控员岗位任职资格标准	2	调控机构应制定值班调度、监控员岗位任职资格标准	查阅有关资料	无岗位任职资格标准，本项不得分	
1.6.6	值班调度、监控员任职考核	2	实习调度、监控员上岗或调度、监控员晋升应按岗位任职资格标准进行培训并经考试合格后再经调控机构领导批准才能晋级。调度员晋升调度值长,应到上一级调控机构进行实习、培训、考试	查阅有关资料，抽查5名调控运行人员的考试档案及批准任职文件	每发现一人不满足调控运行人员岗位任职资格标准，扣50%标准分；每发现一名调度员、监控员晋升调度（监控）值长，未到上一级调控机构培训，扣50%标准分	

序号	评价项目	标准分	评分标准	查证方法	评分方法	备注
1.6.7	值班调度、监控员的学习培训	2	值班调度、监控员每年赴直调厂站培训时间不少于 10 天，每月每人使用电力系统调控联合培训仿真系统培训不少于 1.5h。值班调度员应到系统运行、调度计划、继电保护等专业处室进行业务学习；每半年至少开展一次稳定、保护、安控规定培训	查阅培训工作记录和现场学习报告	未开展调度、监控员赴直调厂站培训的，扣 20% 标准分。未开展电力系统调控联合培训仿真系统、稳定、保护、安控规定培训，扣 20% 标准分。未到系统运行、调度计划、继电保护等专业处室学习的，扣 20% 标准分	
1.7	从本专业角度，向公司层面提出加强调控管理、提高技术支持水平的建议		根据电网运行和调控管理中暴露的突出问题，每年向公司提出加强电网结构、提高调控技术支持水平、改进调控管理等方面的建议	查阅有关资料	本项不计算分值，以建议形式提出	
1.7.1	积极采用智能化工具提高调控运行效率		积极采用智能化工具提高运行监控效率，具备线路外部运行环境监视、语音录入、智能搜索、自定义报表、岗位画面定制、登录权限智能管理等功能；具备低频低压减载、限电序位负荷容量监测功能；承载力分析方面具备数据自动化采集统计、细粒度承载力分析及承载力预评估功能	查阅有关资料	采用智能化工具提高调控运行效率，酌情加 1~2 分	
2	**设备监控管理**	**230**				
2.1	上级调控部门对本单位设备监控管理工作的评价	20				

序号	评价项目	标准分	评分标准	查证方法	评分方法	备注
2.1.1	信息、资料报送	10	应按时、保质完成上级调控机构要求的信息及资料报送工作	上级调控机构根据查评当月起前推 12 个自然月内信息及资料报送情况进行评定	漏报一次，扣 40%标准分；漏报两次及以上，本项不得分；迟报一次，扣 10%标准分；报送内容不符合要求，每次扣 10%标准分	
2.1.2	专业重点工作落实	10	应按时、保质完成上级调控机构布置的专业重点工作	上级调控机构根据查评当月起前推 12 个自然月内重点工作的落实情况打分，包括工作进度、工作节点安排、工作效果等	重点工作没有按时落实的，每项扣 20%标准分；重点工作没有达到预期目标的，每项扣 20%标准分	本项为重点评估项目
2.2	下级调控机构专业管理	10				
2.2.1	规范地（县）调专业管理	5	应规范地（县）调设备监控管理工作，地（县）调应制定（具备）开展专业工作必需的制度、标准或业务流程	检查地（县）调设备监控管理制度、标准及业务流程	未开展规范地（县）调专业管理工作，此项不得分；每发现缺少一项开展专业工作必需的制度、标准或业务流程，扣 20%标准分	
2.2.2	地（县）调考核评价	5	应建立地（县）调设备监控管理专业考评指标体系,定期开展考核评价工作并进行发布	查阅考核评价指标体系，以及查评当月起前推 12 个自然月内考核评价结果	未建立考核评价指标体系，此项不得分；指标体系不全面、统计考核不定期等情况酌情扣分	
2.3	变电站集中监控管理	35				

序号	评价项目	标准分	评分标准	查证方法	评分方法	备注
2.3.1	无人值守变电站技术条件核查	10	330kV 以上已实施无人值守变电站应满足《国家电网公司关于切实做好 330kV 以上无人值守变电站集中监控相关工作的通知》（国家电网调〔2013〕581 号）中无人值守变电站技术条件要求。220kV 及以下变电站参照执行	比对文件要求，检查监控系统，检查接入调试记录、监控信息表等相关内容	每发现一个无人值守变电站不满足技术条件，扣 20%标准分	
2.3.2	变电站纳入集中监控许可管理	5	依据《国家电网公司变电站集中监控许可管理规定》，实施变电站纳入集中监控许可管理	检查从查评当月起前推 12 个自然月内新投及改造变电站纳入集中监控许可管理相关资料，包括工作方案、验收评估报告等	未开展变电站纳入集中监控许可管理，此项不得分；每缺少一项管理内容，扣 20%标准分	
2.3.3	主站端智能防误功能建设及顺控工作开展情况	10	主站端应具备遥控防误功能；结合站端改造，主站端应具备顺控操作功能；开展刀闸远方操作或顺控操作	检查系统建设情况和操作记录	主站端不具备遥控防误功能，扣 2 分；主站端不具备顺控操作功能，扣 2 分；已具备条件开展刀闸远方操作或顺控操作，未实施的每次扣 10%标准分	
2.3.4	支撑运维站设备监视能力技术支持手段建设	10	调阅系统,检查运维站具备设备监视能力；结合运维站辅助系统建设情况，实现安防、消防信息监视；结合运维站监视需求，补充完善监控信息	检查系统部署情况及信息接入情况	不具备设备监视能力的，每个运维站扣 1 分，扣完为止；运维站辅助系统建设完成，未实现安防、消防信息监视，扣 1 分；未结合运维站监视需求补充完善监控信息，扣 1 分	本项为重点评估项目
2.4	监控信息管理	60				

序号	评价项目	标准分	评分标准	查证方法	评分方法	备注
2.4.1	监控信息规范管理	15	依据《变电站设备监控信息技术规范》，对在运变电站监控信息采集范围、命名及分类进行规范；变电站监控信息规范接入率100%；依据《国家电网公司变电站设备监控信息表管理规定》对信息表进行定值式管理	检查变电站监控信息表及监控信息整改相关记录	未开展在运变电站监控信息优化、整治，此项不得分；监控信息规范接入率达不到100%，每降低1个百分点，扣10%标准分；每发现一个变电站未开展信息表定值式管理，扣10%标准分	变电站监控信息规范接入率=监控信息正确接入条数/全部监控信息条数×100%
2.4.2	监控信息接入（变更）管理	20	严格履行监控信息接入（变更）审批手续，监控信息接入（变更）管理流程及SOP（标准操作程序）应上线流转，实现网上申报、审核、批复及归档等功能；联调过程中应组织编制工作方案，主要内容应包括联调工作计划，安全、技术和组织措施，联调作业指导书等，并依据工作方案完成联调工作；监控信息联调宜采用自动化手段进行自动验收，提升验收效率，同时制定《变电站监控信息自动验收实施细则》	现场检查OMS系统流程及SOP上线情况，查阅联调工作方案及监控信息自动验收等相关资料	未开展监控信息接入审批管理，此项不得分；未实现流程及SOP上线流转，扣50%标准分；联调过程未制定工作方案，扣50%标准分；工作方案每缺一项内容，扣20%标准分；监控信息联调未采用自动化手段进行自动验收的，扣10%标准分；未制定《变电站监控信息自动验收实施细则》的，扣10%标准分	
2.4.3	监控告警信息优化治理	15	应加强对频发、错发、漏发信息的优化管理，采取筛选、归并、延时等措施，提高监控告警信息质量	现场查阅监控系统，检查从查评当月起前推12个自然月变电站监控信息告警情况	未开展监控告警信息优化治理，导致告警信息严重频发、误发，此项不得分；监控信息告警正确率应达99.99%，低于99.99%，扣20%标准分；告警信息频发率低于10%、高于10%，扣20%标准分	频发信息：单个信息动作次数超过10次/天或30次/月。本项为重点评估项目

序号	评价项目	标准分	评分标准	查证方法	评分方法	备注
2.4.4	监控信息释义	5	根据变电站实际,建立监控信息释义文档说明,确保监控信息含义明确;新设备带来的新信息产生后应及时补充,确保新信息含义清晰	查阅信息释义相关资料	未制定监控信息释义,此项不得分;未能及时补充新信息,扣20%标准分	
2.4.5	监控大数据	5	1. 具有监控大数据平台框架,能够访问EMS、OMS等系统数据。 2. 监控大数据系统主要功能应包括数据对比统计分析、设备趋势性故障预警、运行检索、全景展示及监控大数据纵向互联等	现场调阅监控大数据系统,检查相关功能	不具有监控大数据平台框架,并能够访问EMS、OMS等系统数据的,扣2分;不具备监控数据对比统计分析、设备趋势性故障预警、运行检索、全景展示及监控大数据纵向互联等功能的,扣1～3分	
2.5	集中监控缺陷管理	30				
2.5.1	集中监控设备台账管理	10	在OMS系统中建立集中监控变电站设备台账,内容包括一次、二次等设备基础信息以及运行记录、修试记录、设备生命大事记等设备运行履历信息。建立家族性缺陷管理模块,建立模块及时更新的机制	查阅OMS系统	未在OMS系统中建立设备信息台账,扣60%标准分;台账不全、维护更新不及时,酌情扣分。未建立家族性缺陷管理模块,扣40%标准分,更新机制不健全,酌情扣分	
2.5.2	集中监控缺陷管理流程	10	应建立基于OMS的缺陷发现、登记、处理、验收闭环管理流程,监控缺陷应具备查询、统计、分析等功能,实现调控和运检缺陷信息共享	查阅OMS系统缺陷管理功能,查阅缺陷记录	未建立缺陷管理流程,此项不得分;没有系统功能,扣40%标准分;不具备查询、统计、分析任一功能,扣10%标准分;未实现缺陷信息共享,扣20%标准分	

序号	评价项目	标准分	评分标准	查证方法	评分方法	备注
2.5.3	集中监控缺陷处理情况	10	应定期对缺陷处理情况进行统计、分析，并满足以下要求： 1. 统计周期内缺陷处理率≥98%。 2. 统计周期内缺陷处理及时率≥95%	检查从查评当月起前推12个自然月内缺陷处理情况（统计周期为12个自然月）	未开展缺陷处理统计分析，此项不得分；缺陷处理率或及时率未达到标准值，每降低5%，扣20%标准分	
2.6	监控运行分析及评价管理	35				
2.6.1	监控运行分析	15	应开展变电站监控运行统计分析，数据采集宜通过相关技术支持系统自动获取；监控运行统计分析包括月度分析和年度分析；主要内容应包括监控运行总体情况、运行管理及其他需要分析通报的事项等	查阅从查评当月起前推12个自然月内监控运行分析报告	未开展监控运行分析，此项不得分；每缺少一次分析，扣20%标准分；监控运行分析内容不全面，每缺少一项内容，扣10%标准分	本项为重点评估项目
2.6.2	监控运行分析例会	10	调控中心应每月组织相关单位召开监控运行分析例会，通过监控运行情况，分析监控运行中发现的问题，提出整改要求和相关事项，并形成会议纪要	查阅从查评当月起前推12个自然月内会议纪要等相关资料	未组织召开监控运行分析例会，此项不得分；每缺少一次发布，扣20%标准分	
2.6.3	监控业务评价	10	1. 应建立监控业务评价指标体系，并定期进行统计、分析。 2. 设备监控业务评价指标应包括基础评价、运行评价和站端监控评价三部分	查阅从查评当月起前推1年内评价指标	未建立监控业务评价指标体系，此项不得分；每缺少一次统计、评价或上报，扣50%标准分；监控业务评价不全面，每缺少一项指标，扣10%标准分	
2.7	设备状态在线监测	20				
2.7.1	设备状态在线监测信息管理	10	依据《设备状态在线监测典型告警信息表》，规范在线监测系统告警信息的采集范围与信息命名	查阅设备状态在线监测系统，查阅相关标准制度	未开展设备状态在线监测告警信息规范工作，此项不得分	

序号	评价项目	标准分	评分标准	查证方法	评分方法	备注
2.7.2	设备状态在线监测调控应用	10	负责监控范围内输变电设备在线监测信息调控应用的归口管理,熟练掌握监控范围内输变电设备在线监测信息调控应用的使用	查阅监控范围内输变电设备在线监测信息调控应用情况	未对监控范围内输变电设备在线监测信息调控应用进行归口管理的,此项不得分;对监控范围内输变电设备在线监测信息调控应用运用不熟练的,扣50%标准分	
2.8	岗位设置及培训管理	20				
2.8.1	对设备监控管理专业人员的基本要求	5	有一定专业理论基础;有一定的运行经验;有较强的学习能力;熟知本岗位业务流程;有一定的交流、表达能力	查阅岗位设置及人员编制等资料,访谈相关岗位上岗人员	不满足就职要求的,每人扣2分	
2.8.2	对调控机构设备监控管理人员的专业培训	10	应制定调控机构设备监控管理专业人员年度培训计划并予以实施。培训内容应包括技术规范及管理规定的宣贯、智能变电站相关技术、输变电设备状态在线监测相关技术、跨专业知识等,培训可采用培训班、技术交流、轮岗、现场实习等方式	查阅培训资料,访谈相关岗位上岗人员	无培训计划,此项不得分;未按计划实施培训,每缺一项,扣20%标准分	
2.8.3	对监控运行人员的培训	5	配合调控处制定监控运行人员的年度培训计划并予以实施,培训内容应该包括技术规范及管理规定的宣贯、智能变电站相关技术、输变电设备状态在线监测相关技术等	查阅培训资料,访谈监控运行人员	无培训计划,此项不得分;未按计划实施培训,每缺一项,扣20%标准分	

序号	评价项目	标准分	评分标准	查证方法	评分方法	备注
2.9	从本专业角度，提出对监控信息规范、监控运行分析、输变电设备状态在线监测等方面的建议				本项不计算分值，以建议形式提出	可以从广泛的角度进行论述，尤其应注重改进性建议的提出
3	**调度计划**	**305**				
3.1	上级调控部门专业管理评估	20				结合考核期内参与考核的数据及各项工作完成情况进行评分
3.1.1	调度计划专业布置重点工作的落实情况	10	从查评当月起前推 12 个月内，调度计划专业近期布置重点工作的落实情况，包括工作进度、人员安排、工作效果等	由上级调控部门根据工作落实情况具体打分	如果存在重点工作没有按时落实的情况，每发现一项，扣 40%标准分；其他情况可以酌情扣分	
3.1.2	调度计划专业日常工作的执行情况	10	从查评当月起前推 12 个月内，调度计划专业日常工作的执行情况，包括日常数据上报、材料准备等	由上级调控部门根据工作执行情况具体打分	如果存在数据上报延误、出错的情况，每发现一次，扣 10%标准分；其他情况可以酌情扣分	
3.2	负荷预测工作管理	30				本项内容仅查评省级调控机构
3.2.1	短期系统负荷预测	10	短期系统负荷预测准确率要达到： 1. 本网用电负荷在 10 000MW 以上的，准确率为 97%； 2. 本网用电负荷在 5000～10 000MW 的，准确率为 96%； 3. 本网用电负荷在 5000MW 以下的，准确率为 95%	检查从查评当月起前推 3 个月国调中心发布的每月逐日系统负荷预测准确率	以日为单位，按当月最大负荷对应相应标准，达不到标准的，每出现一次，扣 5%标准分	日负荷预测准确率按照国家电网有限公司相关企业标准规定的方法进行计算

续表

序号	评价项目	标准分	评分标准	查证方法	评分方法	备注
3.2.2	短期母线负荷预测	10	短期母线负荷预测指标应达到： 1. 日母线负荷预测准确率≥90%； 2. 日母线负荷预测合格率≥80%	检查从查评当月起前推 3 个月，国调中心发布的每月逐日母线负荷预测准确率、合格率	以日为单位，准确率达不到标准，每出现一次，扣 5%标准分；合格率达不到标准，每出现一次，扣 5%标准分	日母线负荷预测准确率和合格率按照国调《电网母线负荷预测功能技术规范》（调计〔2008〕255 号文）的规定计算
3.2.3	负荷预测管理	10	省调应对地调的负荷预测工作进行指导与考核，应制定相应考核管理办法，定期发布考核结果	查阅负荷预测管理办法，以及从查评当月起前推 12 个月的负荷预测考核结果	不进行考核管理工作，此项不得分；缺少管理办法，扣 50%标准分；每缺少一次考核结果，扣 10%标准分	
3.3	停电计划工作管理	50				本项为重点评估项目
3.3.1	年度停电计划编制	10	应进行年度停电计划的编制工作，加强年度或季度停电计划与基建、运检、营销以及上级调控等部门的统筹协调，要有相应的系统功能，要有规范的业务流程并上线执行	查阅年度停电计划相关规定和流程；检查查评当年起前推 1 年的年度或季度停电计划及与相关部门的协调记录、纪要等；跟踪检查流程执行情况	未编制年度停电计划，此项不得分；没有统筹协调，扣 40%标准分；没有系统功能，扣 40%标准分；没有执行业务流程，扣 40%标准分	
3.3.2	月度停电计划编制	10	月度停电计划应与年度或季度停电计划相协调；月度停电计划的编制要有相应的系统功能，要有规范的业务流程并上线执行	查阅月度停电计划相关规定和流程；检查查评当月起前推 6 个月的月度停电计划及年度或季度停电计划在月度停电计划中的落实情况；跟踪检查流程执行情况	不编制月度停电计划，此项不得分；没有系统功能，扣 40%标准分；没有执行业务流程，扣 40%标准分	

续表

序号	评价项目	标准分	评分标准	查证方法	评分方法	备注
3.3.3	日前停电计划编制	10	应能够按照统一的日前停电计划审批管理流程及标准操作程序（SOP）开展日前停电计划编制任务，日前停电计划应按照《一体化停电计划审批管理纵向互联规范》的要求实现国、分、省三级一体化运转；应按有关规定对停电工作票进行规范化管理，实现停电工作票的网上申报、网上审批、计算机流程化管理、向安全校核系统发送停电计划数据、网上浏览、自动统计分析等功能，停电工作票要实现便捷的上下级互动	查阅日前停电计划相关规定和流程；随机抽查停电申请单 30 份和停电管理系统	没有执行业务流程，扣40%标准分；没有实现国、分、省三级一体化流转，扣 40%标准分；功能不齐全，每缺少一项，扣 10%标准分	向安全校核系统发送的停电计划数据，包含指定日所有正在执行和计划执行的设备停电计划
3.3.4	停电计划刚性管理	15	停电计划刚性管理满足以下要求： 1. 月度停电计划完成率≥95%。 2. 月度停电计划执行率≥85%。 3. 月度临时停电率≤10%。 4. 停电工作票按时完成率≥85%。 5. 停电工作票按时报送率≥95%	检查从查评当月起前推 6 个月的停电计划编制质量	有一项指标没达到规定标准的，扣 20%标准分	评估指标参照国调中心要求，如今后有明确标准，以具体文件为准。相应指标须经上级调控确认（基建、电网方式安排、不可抗力等原因除外）。 1. 月度停电计划完成率=（实际完成月度停电计划项目数/月度停电计划项目数）×100%。 2. 月度停电计划执行率=（按月度停电计划时间开工的停电

序号	评价项目	标准分	评分标准	查证方法	评分方法	备注
3.3.4	停电计划刚性管理	15	停电计划刚性管理满足以下要求： 1. 月度停电计划完成率≥95%。 2. 月度停电计划执行率≥85%。 3. 月度临时停电率≤10%。 4. 停电工作票按时完成率≥85%。 5. 停电工作票按时报送率≥95%	检查从查评当月起前推6个月的停电计划编制质量	有一项指标没达到规定标准的，扣20%标准分	项目数/月度停电计划项目数）×100%。 3. 月度临时检修率=［当月临时停电项目数/（实际完成月度停电项目数+临时停电项目数）］×100%。 4. 停电工作票按时完成率=（在批准时间内完成的停电单数/当月实际执行的停电单总数）×100%。 5. 停电工作票按时报送率=（按规定时间提交且被批准执行的有效停电单数/当月实际批准执行的停电单总数）×100%
3.3.5	停电的统计和考核管理	5	应制定规范的停电统计考核工作管理办法，对管辖范围内的停电情况定期进行考核，考核至少应包含以下几项内容： 1. 月度停电计划完成率。 2. 月度停电计划执行率。 3. 月度临时停电率。 4. 停电工作票按时完成率。 5. 停电工作票按时报送率	查阅停电考核办法和已有考核结果	没有进行停电统计考核工作，此项不得分；缺少一项考核内容，扣20%标准分	指标计算方法同上
3.4	电能计划工作管理	105				本项为重点评估项目

续表

序号	评价项目	标准分	评分标准	查证方法	评分方法	备注
3.4.1	发电能力申报合格率	10	发电能力申报合格率=40%A+30%B+30%C，其中： 1. 基础信息正确率 A，暂考核统调机组容量累计值与一体化统计月报的装机总容量之间的相对差额 D_1（%）：$A=1-D_1$。 2. 申报信息完整率 B，B=日度申报的信息个数累计值/国调中心要求进行日度申报的信息总数量×100%。 3. 申报数据正确率 C，暂考核火电机组日电量累计值与调度日报（月报）系统火电月度总发电量的相对差额 D_3（%）：$C=1-D_3$	以国调中心相关系统统计数据为准，查评从查评当月起前推 12 个月每月合格率	发电能力申报合格率以国调中心发布为准，以95%为标准，每出现一次低于标准的，扣 10%标准分	
3.4.2	日电能计划编制	20	应能够按照统一的日前电能平衡计划管理流程及标准操作程序（SOP）开展日电能计划编制任务；应具备日电能计划编制系统，具备 SCUC 和 SCED 两种计算模式，至少支持"三公"调度、节能调度、电力市场三种优化目标；应通过流程和系统确保日电能计划和停电计划互相配合	检查日电能计划编制功能，查阅相关规定和流程，检查查评当日起前推 7 日的日电能计划	没有执行统一的业务流程或业务流程没有上线执行，扣 40%标准分；没有日电能计划编制系统或功能，扣 40%标准分；每缺少一种计算模式，扣 20%标准分；每缺少一种优化目标，扣 20%标准分；调度管辖机组停电计划无法与日电能计划相关联的，扣 20%标准分	系统功能具体要求参见Q/GDW 680.54—2011《智能电网调度技术支持系统 第5-4 部分：调度计划类应用 发电计划》，实时电能计划优化编制仅需要支持 SCED 计算模式
3.4.3	新能源消纳	5				
3.4.3.1	风电优先消纳业务流程执行情况	2	按照国调中心关于深化安全内控机制建设要求，落实风电优先消纳业务流程，强化日前风电优先消纳工作的监督与协调	检查风电优先消纳业务流程上线执行情况	不执行风电优先消纳业务流程，扣减 50%标准分；流程未上线，扣减 50%标准分	

序号	评价项目	标准分	评分标准	查证方法	评分方法	备注
3.4.3.2	新能源功率预测结果纳入日前电力电量平衡计划情况	3	直调风电场和光伏电站次日 96 点发电计划应纳入全网电力电量平衡，并优先考虑	检查日前电力电量平衡计划编制流程；抽查 5 日日前电力电量平衡计划编制结果	没有将直调风电场、光伏电站次日 96 点发电计划纳入全网电力电量平衡，本项不得分	具体要求参见《国家电网公司关于印发风电优先调度工作规范的通知》
3.4.4	日电能计划编制质量	10	日电能计划编制应充分考虑停电、机组参数、燃料、新能源消纳、网络约束等情况，保证日计划编制质量，应避免除调频、事故处理、水电及新能源出力变化等原因的调度台实时调整，提高日计划执行率，电厂日计划执行偏差应≤10%	抽查某 5 日的日电能计划和实际出力曲线，进行对比分析	抽查 5 个电厂 5 日的发电计划执行情况，发现电力偏差大于 10%，扣 40% 标准分（调频、事故处理、电厂自身原因、水电及新能源出力变化等情况除外）	某个电厂某日的计划执行偏差 $=\dfrac{1}{N}$ $\sum\limits_{n=1}^{N}\dfrac{\lvert P_{实际}-P_{计划}\rvert}{P_{计划}}\times100\%$ 其中：N=96；$P_{实际}$ 为实际出力，$P_{计划}$ 为计划出力
3.4.5	电量平衡情况分析	15	按年度、月度统计分析电量平衡情况，包括各成分年度送受电计划完成情况、直调电厂发电计划完成率、拉闸限电电量及原因分析等	查阅相关统计信息和分析材料	没有进行此项工作，此项不得分	
3.4.6	系统备用管理	5	应制定系统备用管理办法，明确备用容量、分配比例等内容。负荷备用容量为本网负荷的 2%～5%，事故备用容量为本网负荷的 3%～8%，但不小于本网最大单机的容量，事故备用容量可留在联网的其他电网中。备用容量应根据电网结构合理分布，调用时不受限制	查阅相关管理办法；检查从查评当月起前推 12 个月的发电计划中备用安排的内容，检查备用曲线占当日负荷的比例，至少抽查 3 天的日发电计划	没有备用容量，本项不得分；备用容量未达标准，扣 50% 的标准分；备用容量分布不合理，调用时受限制，扣 30% 标准分	重点检查每日高峰负荷时段。电网装机容量在 4000 万 kW 以上和调剂能力较强的，事故备用容量为本网负荷的 3%～5%，装机容量小于 4000 万 kW 或大机组小电网的电网事故备用容量为本网负荷的 6%～8%

序号	评价项目	标准分	评分标准	查证方法	评分方法	备注
3.4.7	联络线管理	10				
3.4.7.1	（分中心）联络线管理	5	分中心应制定本区域的联络线管理规定，进行联络线考核管理工作；分中心应严格按照上级调控部门要求，做好联络线功率控制工作	查阅相关管理规定，检查相关系统及功能；查阅上级调控部门下发的联络线考核指标	没有开展联络线考核工作，扣50%标准分；没有达到上级调控部门管理要求，扣50%标准分	仅适用分中心
3.4.7.2	（省调）联络线功率控制	5	省调应严格按照上级调控部门要求，做好联络线功率控制工作	查阅上级调控部门下发的联络线考核指标	没有达到上级调控部门管理要求，扣50%标准分	仅适用省调
3.4.8	燃料管理	30				
3.4.8.1	燃料数据统计分析	10	每日统计调管范围内燃料供应量、消耗量、库存量、可用天数、缺煤（气、油）停机台数等情况，按要求报送相关数据；具备进行燃料数据进行分析、上报的系统或功能模块	抽查前12个月燃料数据；查看燃料系统	数据统计错误一次，扣20%标准分；无燃料管理技术支持系统，扣40%标准分	若此项职责设在其他专业,则查评相关专业
3.4.8.2	燃料信息报送	10	按照上级调度要求进行迎峰度夏（冬）统调电厂库存排查，报送排查报告；每季度报送非统调电厂电煤统计表；每月报送电煤电量平衡预测表及平衡情况分析	抽查统调电厂排查报告；查看季度非统调电厂电煤数据	未按要求进行统调电厂库存排查，扣50%标准分；未报送非统调电煤数据或月度电量平衡分析一次，扣20%标准分	
3.4.8.3	燃料预警发布	10	在燃料供应紧张时，依据有关规定及时发布燃料供应预警；因缺煤降出力或者停机时应及时汇报上级调度	查看燃料应急管理相关规定及预警发布情况、电煤紧张汇报材料	如出现燃料供应紧张按照规定需发预警而没有发布的情况，本项不得分	
3.5	日前量化安全校核工作管理	40				本项为重点评估项目

续表

序号	评价项目	标准分	评分标准	查证方法	评分方法	备注
3.5.1	日前量化安全校核基础数据	10	应组织开展三级协调的日电能计划量化安全校核工作,能够实现安全校核七大类基础数据及校核结果在省级以上调度的双向共享	检查日前电能计划量化安全校核基础数据报送质量,从本单位近3个月日前量化安全校核周报随机抽查3份进行核查	每日设备状态变化偏差超过3个,扣5%标准分;每日发用电计划平衡度低于80%,扣5%标准分,扣完为止	日量化安全校核周报以国调中心发布为准
3.5.2	日前量化安全校核系统功能	10	具有相应的技术支持系统;系统应具备三级数据共享、基础数据校验、全网络模型基态潮流计算、$N-1$ 扫描、故障集扫描等功能;应具备规范的日计划量化安全校核工作流程并上线执行;量化安全校核至少应输出以下结果: 1. 线路潮流。 2. 线路、断面、主变压器的重载及越限信息。 3. 灵敏度因子	检查日前量化安全校核工作开展情况,检查系统功能	没有相应的技术支持系统,本项不得分;日前量化安全校核系统未投入生产主用,本项不得分;缺少 $N-1$ 扫描功能,此项扣20%标准分;没有执行业务流程或流程执行不顺畅影响整体业务执行效率,扣20%标准分;每缺少一种校核结果,扣10%标准分	华北、华东、华中区域省级以上调度以三华统一模型为校核基础;东北、西北区域省级以上调度以各自区域模型为校核基础
3.5.3	日前量化安全校核的准确性	10	核心算法应具备较高准确性,500kV 及以上电压等级元件计算潮流与实际潮流偏差小于等于200MW(已考虑计划调整因素)为合格;220kV 元件计算潮流与实际潮流偏差小于等于 50MW(已考虑计划调整因素)为合格	核查日前计划量化安全校核合格率,从本单位自查评之日起近3个月日前量化安全校核周报,随机抽查3份进行核查	日前计划量化安全校核合格率低于95%,每出现一次,扣5%标准分(电网实时运行方式与日前出现较大偏差导致元件潮流异常变化时,酌情处理)	日前计划量化安全校核合格率为 $A=0.7A_1+0.3A_2$。其中,A_1 表示本调度管辖范围220kV 及以上电压等级元件潮流计算合格率;A_2 表示本调度管辖范围以外500kV 及以上电压等级元件潮流计算合格率(西北区域内按220kV 及以上电压等级考虑,区域外按330kV 及以上电压等级考虑)

序号	评价项目	标准分	评分标准	查证方法	评分方法	备注
3.5.4	日前量化安全校核结果的应用情况	10	日前量化安全校核结果应得到如下应用： 1. 根据校核结果指导日电能和停电计划编制。 2. 提供前瞻性潮流和系统危险点提示，调度台根据危险点作事故预想	检查日计划编制流程，应有完善的校核调整机制；自查评之日起近3个月随机抽取3日历史计划进行现场校核计算，检查校核结果	没有根据校核结果调整计划，扣40%标准分；没有提供危险点提示，扣20%标准分	
3.6	发电企业考核评价工作	45				
3.6.1	"三公"调度信息发布	5	应按《电力"三公"调度交易情况报告内容及格式（暂行）》的要求收集、整理并定期报送"三公"调度信息，具体信息如下： 1. 调度信息公开情况。 2. 直调电厂发电量及利用小时数情况。 3. 直调电厂辅助服务情况。 4. 直调电厂并网运行管理考核情况	检查调控机构报送的"三公"调度信息	如果没有按要求报送全部"三公"调度信息，每缺少一项，扣20%标准分	
3.6.2	并网调度协议签订	20	应严格审查电源并网资质，按政府相关要求，组织电厂并网调度协议的签订，到期及时续签	检查所有统调电厂的并网调度协议	与未经国家批准擅自建设机组签订并网调度协议的，本项不得分；发现并网运行机组未签订并网调度协议的，每次扣50%标准分；到期没有及时续签的，每次扣10%标准分	

序号	评价项目	标准分	评分标准	查证方法	评分方法	备注
3.6.3	并网电厂运行管理	5	应遵照《××区域并网运行管理实施细则》或有关政府部门要求组织并网电厂的考核管理工作，内容至少包含： 1. 发电计划考核。 2. 调峰考核。 3. 一次调频考核。 4. AGC 考核。 5. 非计划停运考核。 6. 黑启动考核	检查相关考核管理系统和考核结果	不进行考核管理工作，此项不得分；每缺少一项考核内容，扣 20%标准分	
3.6.4	辅助服务管理	5	应遵照《××区域辅助服务管理实施细则》或有关政府部门要求开展并网电厂辅助服务的考核和补偿工作，内容至少包含： 1. AGC 补偿。 2. 调峰补偿。 3. 黑启动补偿。 4. 无功补偿。 5. 旋转备用补偿	检查相关考核管理系统和考核结果	不进行补偿和考核工作，此项不得分；每缺少一项考核内容（电监机构许可不补偿的除外），扣 20%标准分	
3.6.5	考核和补偿信息提供	5	应按电监机构要求提供考核和补偿信息，具体信息如下： 1. 并网发电厂月度或季度考核结果。 2. 并网发电厂月度或季度补偿结果	查阅相关考核及补偿结果文件、报告	每缺少一项考核内容扣 50%标准分	
3.6.6	考核和补偿争议数据处理	5	调控机构应按照电监机构要求及时处理发电厂对月度数据争议申请	查阅有关争议处理文件或回复	若有一条争议未处理，此项不得分	

序号	评价项目	标准分	评分标准	查证方法	评分方法	备注
3.7	计划专业人员要求与培训工作	15				
3.7.1	对调度计划专业上岗人员的基本要求	5	有一定专业理论基础；有一定的运行经验（调度和厂站）；有较强的学习能力；遵守调度规程和相关规程、规定；熟知本岗位业务流程；熟练掌握本岗位工作技能，了解其他岗位业务流程；有一定的表达、交流能力等	查阅岗位设置及人员编制等资料；访谈相关岗位上岗人员	不满足就职要求的，每人扣2分	
3.7.2	对本调控机构计划专业人员的专业培训	5	应制定调度计划专业人员的年度培训计划并予以实施。培训内容应包含与电网发展相关的先进技术、大运行标准制度、智能电网调度控制系统、轮岗、现场学习、跨专业知识、计算机技术等	查阅培训资料。访谈相关岗位上岗人员	无培训计划，此项不得分；未按计划实施，每缺一项，扣20%标准分	
3.7.3	对本调控机构其他专业人员的培训	3	应制定其他专业人员的年度培训计划并予以实施。培训内容包括电能平衡情况、节能调度知识、电力市场知识等	查阅培训资料，访谈其他专业人员	无培训计划，此项不得分；未按计划实施，每缺一项，扣50%标准分	
3.7.4	对管辖范围内专业人员的培训	2	应制定管辖范围内（包括下级调控机构或直接调度对象）调度计划专业人员的年度专业培训计划，并予以实施	查阅培训资料，访谈下级调控机构相关人员	无培训计划，此项不得分；未按计划实施，每缺一项，扣50%标准分	

序号	评价项目	标准分	评分标准	查证方法	评分方法	备注
3.8	从本专业角度，提出对电网优化运行、公司综合计划管理、公司经营决策等方面的建议				本项不计算分值，以建议形式提出	可以从广泛的角度进行论述,尤其应注重改进性建议的提出
4	**水电及新能源调度专业**	**282**				
4.1	上级调控机构对水电及新能源调度专业管理的总体评估	30				结合考核期内参与考核的数据及各项工作完成情况进行评分
4.1.1	水电及新能源专业队伍建设	10	为保证水电及新能源调度工作正常开展,调度管辖范围内的水电装机容量在 3000MW 以上或新能源发电装机容量在 1000MW 以上的电网调控机构应设置水电及新能源处	向有关部门了解情况	不按要求设置水电及新能源专业处室,此项不得分	本项为重点评估项目
4.1.2	水电及新能源调度专业信息、资料报送评估	10	应按时保质完成上级调控机构规定的水电及新能源调度信息报送工作	上级调控部门根据自查评之日起前一年内水电及新能源调度信息报送情况进行评定	一次报送不及时，扣 1分；一次数据不正确，扣1分；报送数据每缺一项，扣 1 分，本项扣完为止	依据上级调控机构有关文件
4.1.3	水电及新能源调度专业管理工作成效	10	应要求调控年度重点工作任务,全面开展水电及新能源调度专业各项工作,专业管理工作得到上级肯定	上级调控部门根据自查评之日起前一年有关情况评定	每发生一次未按时完成规定工作的，扣 0.5 分；每发生一次未开展规定工作的，扣 1 分，本项扣完为止	
4.2	水电调度管理	123				

序号	评价项目	标准分	评分标准	查证方法	评分方法	备注
4.2.1	水文气象情报收集及预报	20				
4.2.1.1	直调及许可电站基础资料管理	5	直调水电厂基础资料应齐全,包括可研报告、工程特性、水库流域特性和各种运用曲线〔主要包括库容曲线、闸门泄流曲线、机组效率曲线(N–Q–H 曲线)、水位流量曲线等〕	查阅资料	没有收集,本项不得分;收集不全,每缺一项,扣 0.5 分,扣完为止	
4.2.1.2	水文气象信息收集	5	应收集并分析有关水文气象信息,主要内容包括天气实况、水情实况、天气预报和水情预报、灾害预警等	查阅资料	没有收集,本项不得分;收集不全,每缺一项,扣 0.5 分	
4.2.1.3	水文气象预报	5	应根据电网运行的实际需要,按照日、周、旬、月、季、年等固定时段和汛期、汛末、枯水期等特定时段开展相应的水文气象预报工作,并对收集的水文气象预报成果及水文气象预报工作进行汇总、评估	查阅资料	没有开展,本项不得分;日、周、旬、月、季、年及特定时段水文气象预报开展不全,每缺一项,扣 0.5 分;未进行汇总、评估,扣 1 分,本项扣完为止	
4.2.1.4	水文气象信息管理与应用	5	应建设水文、气象等信息系统,为电网防灾减灾、计划检修、负荷预测等工作提供气象信息。发现威胁电网和水电厂安全运行的灾害性天气和大洪水的预报预警时,应按照规定及时向公司内部发布有关水文气象信息,并密切跟踪其发展变化情况。对于重要信息应滚动发布	查阅资料	未建设水文、气象等信息系统的,扣 2 分;技术手段不完善的,扣 1 分;未及时跟踪、通报灾害性天气和大洪水信息的,每发现一次,扣 0.5 分,本项扣完为止	
4.2.2	水库度汛管理	10				

序号	评价项目	标准分	评分标准	查证方法	评分方法	备注
4.2.2.1	水库度汛计划	5	应有电网直调水库度汛计划,主要内容应包括电网所在地区汛期天气趋势、气温及降雨情况预测,重点水电厂汛期来水预测、水库运用计划,直调水电厂水库汛期特征水位表、洪水调度方案以及综合利用、施工、上下游水库运用计划等方面对汛期来水的影响和水库运行的要求	查阅资料	没有收集度汛计划,本项不得分;度汛计划内容每缺一项,扣1分,本项扣完为止	
4.2.2.2	直调水库洪水调度总结	5	应及时对洪水频率小于等于10%、对电网及直调水电厂造成重大影响的洪水调度情况进行分析和总结,主要内容应包括洪水期间流域降雨情况、最大洪峰流量、洪量、峰现时间、洪水频率,洪水调度主要过程,洪水调度风险分析,洪水期间水文气象预报成果误差分析,发电及减灾效益分析等	查阅资料	若未发生十年一遇以上的洪水,本项不参评。分析总结主要内容每少一项,扣1分;分析不及时,扣1分,本项扣完为止	
4.2.3	水库发电调度	35				
4.2.3.1	水库优化调度	5	应按照节能发电调度规则安排水电发电计划,充分利用水能资源	查阅运行资料	每发现一次不符合水电节能发电调度原则的,扣1分。未实行节能发电调度的单位,本项不参评	

序号	评价项目	标准分	评分标准	查证方法	评分方法	备注
4.2.3.2	发电计划编制	5	应编制年、月、日发电计划以及施工等特殊时期水库运用计划。月以上计划应包括来水预计、月可调出力、月发电量、月末水位、存在的主要问题及建议等基本内容。日计划应包括直调水电厂次日来水预计、日电量、预计24时水位等基本内容。当电网安全运行需要、水库来水与预计偏差较多、水电站发电设备故障和水工建筑物施工时,应对直调水电厂的日发电计划进行调整	查阅运行资料	年、月、日、特殊时期计划每缺少一类,扣1分;每类计划内容不齐,扣0.5分;每查到一次未及时调整日发电计划,扣0.5分。本项扣完为止	
4.2.3.3	水库水位控制	5	不发生因调控机构原因使水库水位偏离分期允许最高水位的情况。一般情况下,水库最低运行水位不得低于死水位,多年调节水库在非特枯年水位应控制不低于年消落水位,在特枯年水位不得低于极限死水位。汛期在没有得到防汛部门许可时,不能超汛限水位运行	查阅运行资料	每发生一次水库水位越限,扣2分,本项扣完为止	对下游或库区上游有特殊基建、施工、临时通航、供水等要求,需按政府指令提高或降低水位的情况不考核
4.2.3.4	水库经济运行	5	开展洪前腾库、拦蓄洪尾、提高运行水头、梯级水库联合调度、跨流域和区域水库群联合调度、水火电联合调度等工作。对于季调节及以上的水库应有调度图	查阅运行资料	没有开展水库经济调度,本项不得分;开展不够,扣1分。每缺少一个季调节及以上水库调度图的,扣0.5分。本项扣完为止	

序号	评价项目	标准分	评分标准	查证方法	评分方法	备注
4.2.3.5	水库汛末蓄水计划	5	应制定重点水电厂水库汛末蓄水计划,主要内容应包括电网所在地区汛末天气趋势、降水情况预测,重点水电厂汛末来水预测、水位控制计划以及综合利用、施工、上游水库运用计划等方面对直调水电厂汛末来水、蓄水、运行的要求和影响	查阅资料	没有制定汛末蓄水计划,本项不得分;蓄水计划内容每缺一项,扣1分。本项扣完为止	依据国调中心颁发的《水库调度工作汇报制度》
4.2.3.6	水库枯水期运用计划	5	应制定重点水电厂水库枯水期逐月运用计划,主要内容应包括电网所在地区枯水期天气趋势、降水情况预测,重点水电厂枯水期来水预测、逐月发电计划和水位控制计划以及综合利用、施工、上游水库运用计划等方面对枯水期来水、水库运行的要求和影响	查阅资料	没有制定水库枯水期逐月运用计划,本项不得分;运用计划内容每缺一项,扣1分,本项扣完为止	依据国调中心颁发的《水库调度工作汇报制度》
4.2.3.7	水库综合利用	5	要与水库综合利用有关方面建立必要的联系和协调机制,水库综合利用的基本要求应在电网调度规程及水库调度规程中做出明确规定,在编制和调整水库综合运用计划时,应以用水部门的书面文件作为正式依据	查阅资料	没有开展,本项不得分;每查到一次综合利用达不到规定的,扣1分,本项扣完为止	
4.2.4	水库运行统计分析	9				

序号	评价项目	标准分	评分标准	查证方法	评分方法	备注
4.2.4.1	水库运行分析及总结	5	应按时进行并及时上报月度、季度、丰枯期、水库运行分析、全年水库调度运行总结，内容应包括：电网所在地区年内天气情况，重点水电厂所在流域年内雨、水、沙、冰情分析，截至上月末调度口径水电装机、发电情况，重点水电厂年内主要调度运用过程、期末蓄水、蓄能情况，全网弃水损失电量及成因分析，全网及各重点水电厂年内节水增发电量、水能利用提高率，重点水电厂水库综合利用效益分析，其他与水库调度有关的重要情况，水电运行存在的问题与建议	根据上级调控机构颁发的有关规定查阅有关总结分析资料	每缺少一次月度、季度分析，扣0.5分；缺少全年运行总结，扣1分；未按时上报月度、季度分析的，每次扣0.5分；未按时上报全年工作总结，扣0.5分；分析项目不齐全，每次扣0.5分，本项扣完为止	依据国调中心颁发的《水库调度工作汇报制度》
4.2.4.2	水库调度运用技术档案管理	4	应及时整理、汇编和归档雨、水、沙、冰情历史资料，综合利用资料，短、中、长期预报成果，调度方案及计算成果、直调水库设计资料、设计变更资料以及其他重要调度运用数据和文件等。整编应充分利用水调自动化应用模块进行微机化管理，做到分类明晰、查找方便、数据共享性好	查阅归档资料	每缺少一项资料，扣0.5分；没有采用电子化管理的，扣1分；没有充分利用水调自动化应用模块进行相应分析和整理的，扣1分；没有做到分类明晰、查找方便、数据共享性好的，每发现一类问题，扣0.5分，本项扣完为止	
4.2.5	智能电网调度控制系统水调应用模块	22				

序号	评价项目	标准分	评分标准	查证方法	评分方法	备注
4.2.5.1	水电调度数据及资料管理功能	4	水电调度使用的数据应包括水库及水电站的基础信息、静态曲线信息、实时运行信息和计划信息等数据。可进行存储、查询与管理	在相应画面上进行相关功能验证	无该功能，不得分；每缺少一项或功能不齐，扣1分，本项扣完为止	依据国调中心调自〔2013〕194号《智能电网调度控制系统实用化要求》及《智能电网调度控制系统实用化验收办法》
4.2.5.2	水电运行监测分析功能	4	应具备数据采集及存储；通过图表实时监视全网所有或主要水电厂综合运行信息，包括水电站坝上、坝下水位、入库、出库、弃水流量、预报入库、机组状态、闸门开度等实时信息、发电计划执行情况等；当数据越限时能实现异常报警；具有水务综合计算、统计对比及运行趋势分析功能	在相应画面上进行相关功能验证	无该功能，不得分；每缺少一项或功能不齐，扣1分，本项扣完为止	
4.2.5.3	水电调度功能	4	应能以日、旬或月为时段，制定年度或月度水库（群）的中、长期水电调度运行计划；计划制定所依据的预报来水可多种方式提取和手工输入中选择设定；可选择至少应包括发电量最大和保证出力最大的目标函数进行水库群联合优化调度。 应支持选择不同的模型进行调度制定各水电厂次日或多日96点短期发电调度计划；应能设置与水库运行和电站发电有关的约束条件；能对调度参数和成果进行自定义保存和查询	在相应画面上进行相关功能验证	无该功能，不得分；每缺少一项或功能不齐，扣2分，本项扣完为止	

序号	评价项目	标准分	评分标准	查证方法	评分方法	备注
4.2.5.4	气象信息监测分析功能	4	应具备数据采集、存储、特征值统计，气象要素查询、对比、分析，历史数据空间分布；卫星云图、台风路径、天气预报产品展示等功能	在相应画面上进行相关功能验证	无该功能，不得分；每缺少一项或功能不齐，扣1分，本项扣完为止	
4.2.5.5	水电厂水情自动测报系统建设要求	3	直调水电厂应建设水调自动化系统，实现水情自动测报功能	查阅有关资料	每缺一个直调水电厂，扣0.5分，本项扣完为止	
4.2.5.6	接入信息要求	3	应接入所有直调水电厂信息，所属省调已建成水调功能的，分中心还须接入所属省调自动化水调信息	查阅有关资料	每缺少一个厂，扣0.5分。分中心每少接入一个省调信息，扣0.5分，本项扣完为止	
4.2.6	水库调度专业管理	22				
4.2.6.1	水库调度制度建设	3	每年应组织召开本电网年度水库调度专业会。应建立水调专业汇报制度、分析总结制度、运行值班制度、资料整编汇编制度、培训制度、对外联系等制度	查阅有关资料	未召开年度水库调度专业会的，扣1分；未建立有关制度的，扣1分，制度不齐全的，扣1分	
4.2.6.2	对本单位、所属调控机构及直调水电厂水调专业人员的培训工作	3	对本单位、所属调控机构及直调水电厂专业人员应有年度培训计划并予以实施	查阅培训计划和培训工作记录	无培训计划的，本项不得分；未按计划实施的，每缺一项，扣1分	
4.2.6.3	本单位水调专业人员现场培训	3	每年应组织本单位水调专业人员下现场了解水库调度有关情况	查阅有关记录	未开展此项工作，不得分	

序号	评价项目	标准分	评分标准	查证方法	评分方法	备注
4.2.6.4	小水电站调度管理	7	全面了解掌握电网内地调直调小水电分布情况、电站和水库基本情况，实时采集调度口径小水电发电信息，加强对小水电并网和运行的管理，研究、制订小水电并网运行管理办法	查阅有关资料	没有开展本项工作的，不得分；未掌握电网内小水电基本情况的，扣1分；未实时采集小水电发电信息，每缺一个厂站，扣0.1分，本项扣完为止；未制订小水电并网运行管理办法的，扣1分	
4.2.6.5	梯级水电站调度管理	3	要加强对梯级水电站实施调度管理，综合考虑梯级水电站运行的特点和规律，统筹协调发电与防洪及综合利用的关系，优化梯级水库调度，保证梯级水电站的协调运行，充分发挥整体效益	查阅有关资料	不具备管理制度的，扣1分；没有梯级优化调度方案的，扣1分	
4.2.6.6	直调水电厂水调自动化系统（含水情自动测报系统）管理	3	应参与直调水电厂水调自动化系统（含水情自动测报系统）建设、技术改造方案的审查，应监督指导直调水电厂水调自动化系统计算机网络安全防护措施的制订和实施	查阅有关资料	直调水电厂水调自动化系统（含水情自动测报系统）建设、技术改造方案未审查的，每缺少一个厂，扣0.5分。直调水电厂水调自动化系统计算机网络安全防护措施未制订的，每缺少一个厂，扣0.5分，本项扣完为止	
4.2.7	对下级调控机构的专业管理	5	应对下级调控机构的水电调度管理进行专业指导	查阅有关资料	未开展该项工作，本项不得分；开展不够，扣1分	
4.3	新能源调度管理	121				

序号	评价项目	标准分	评分标准	查证方法	评分方法	备注
4.3.1	新能源气象信息管理	9				
4.3.1.1	新能源气象信息收集	3	应收集并分析影响新能源运行的气象信息,主要内容包括天气实况、天气预报、灾害预警等	查阅有关资料及系统画面	没有收集,本项不得分;收集不全,每缺一项,扣0.5分;未建设气象信息系统的,扣2分,本项扣完为止	
4.3.1.2	新能源场站实时气象信息接入	3	实现调管区域内风电场、光伏电站测风塔、辐照仪等新能源场站气象信息的实时接入	查阅有关资料及系统画面	没有收集,本项不得分;每少一个场站,扣0.1分;不具备场站实时气象信息接入功能的,扣2分,本项扣完为止	
4.3.1.3	新能源气象资源数据分析	3	应按时进行并及时上报全年新能源气象资源数据分析,内容应包括电网所在地区年内天气情况、风光资源情况。新能源气象资源数据分析功能应包括气象要素查询、对比、分析,天气预报产品展示等	查阅有关资料及系统画面	未进行全年运行总结,扣1分;分析项目不齐全,每次扣0.5分;不具备新能源气象资源数据分析功能,不得分;每缺少一项或功能不齐,扣0.5分,本项扣完为止	
4.3.2	新能源并网管理	34				
4.3.2.1	新能源并网服务	4	规范并网调度管理、完善并网服务标准、优化并网服务流程,并严格执行发布的《新能源并网服务指南》等文件要求	查阅有关资料	未开展该项工作,不得分;未按《新能源并网服务指南》等文件要求开展并网服务的,每次扣1分,本项扣完为止	

序号	评价项目	标准分	评分标准	查证方法	评分方法	备注
4.3.2.2	新能源并网基本要求	5	直调风电场、光伏电站应符合有关并网技术规定，签订并网调度协议，基础信息等资料齐全	查阅有关资料	调度协议每缺少一个场站，扣 0.5 分；基础信息等资料不全，每少一个场站，扣 0.5 分，本项扣完为止	依据 GB/T 19963—2011《风电场接入电力系统技术规定》、GB/T 19964—2012《光伏电站接入电力系统技术规定》
4.3.2.3	新能源发电功率预测	5	风电场、光伏电站应建设功率预测系统，系统功能和精度均应满足有关要求；并开展风电、光伏功率预测预报和发电计划申报工作	查阅有关资料及系统画面报表	没有开展，不得分；场站未建设功率预测系统的，每少一个，扣 0.5 分；功能不满足要求的，每项扣 0.5 分，本项扣完为止	
4.3.2.4	新能源有功/电压控制能力	5	调控机构要配置新能源功率控制主站，实现新能源场（站）的有功功率及电压控制，新能源场站要配置功率控制子站，并接入本级调度控制主站实现远程在线动态调节全场运行机组的有功/电压控制	查阅有关资料及系统画面	场站未具备有功/电压控制能力的，每少一个，扣 0.5 分，本项扣完为止	
4.3.2.5	新能源低电压/高电压穿越能力	5	风电机组、光伏逆变器低电压/高电压穿越能力应满足有关技术要求	查阅有关资料	低电压/高电压穿越能力不满足要求的，每少一个场站，扣 1 分，本项扣完为止	
4.3.2.6	新能源频率适应性	2	风电机组、光伏逆变器频率适应性应满足有关技术要求	查阅有关资料	频率适应性不满足要求的，每少一个场站，扣 0.1 分，本项扣完为止	
4.3.2.7	新能源场站动态无功补偿	4	风电场、光伏电站无功补偿设备应满足电网有关要求	查阅有关资料	动态无功补偿达不到要求的，每少一个场站，扣 0.5 分，本项扣完为止	

序号	评价项目	标准分	评分标准	查证方法	评分方法	备注
4.3.2.8	新能源场站电能质量要求	4	风电场、光伏电站并网点电压波动和闪变、谐波、三相电压不平衡等电能质量指标应满足国家标准；并建设电能质量在线监测装置	查阅有关资料	电能质量达不到要求的，每少一个场站，扣 0.5 分；未建设电能质量在线监测装置的，每少一个场站，扣 0.5 分，本项扣完为止	
4.3.3	新能源运行管理	31				
4.3.3.1	新能源运行分析	5	应按时进行并及时上报月度、年度新能源运行分析	查阅有关资料	每缺少一次月度分析，扣 0.5 分；缺少全年运行总结，扣 1 分；未按时上报分析的，每次扣 0.5 分，本项扣完为止	
4.3.3.2	新能源优先调度情况	21				
4.3.3.2.1	新能源年度发电优先调度	5	风电、光伏年度电量应依据场站多年风光资源、投产及电网安全约束等因素，按照不低于上年实际平均利用小时数的原则纳入全网年度电量平衡情况。协同相关科研单位配合政府有关部门每年核定火电最小运行方式和最低技术出力并严格执行	查阅有关资料	未开展该项工作，本项不得分；未按评分标准将新能源年度电量纳入全网年度电量平衡的，扣 1 分	
4.3.3.2.2	新能源月度发电优先调度	3	风电、光伏月度电量应在年度分月电量预测的基础上，根据电网运行方式、投产及近期风光资源预测纳入全网月度电量平衡情况，并按优先消纳的原则进行月度电量计划的滚动调整	查阅有关资料	未开展该项工作，不得分；未按评分标准将新能源月度电量纳入全网月度电量平衡的，每次扣 0.5 分，本项扣完为止	

续表

序号	评价项目	标准分	评分标准	查证方法	评分方法	备注
4.3.3.2.3	新能源日前发电优先调度	8	风电、光伏日前发电计划应按电网运行方式、日前联络线计划、场站日前功率预测结果等纳入全网日前电力、电量平衡情况，并按优先消纳的原则进行日前发电计划编制	查阅有关资料	未开展该项工作，不得分；未按评分标准将新能源纳入全网日前电力、电量平衡的，每次扣0.5分，本项扣完为止	
4.3.3.2.4	新能源日内发电优先调度	5	当风电、光伏实时出力受限时，火电机组调整至最小技术出力、有调整能力的水电机组参与调节、抽水蓄能机组泵工况运行等措施；向上级调控申请联络线调整，或对上级调控联络线申请进行批复；相关调度配合调整，通道利用率不低于90%	查阅有关资料	未开展该项工作，不得分；当出现出力受限时，未按要求及时调整新能源日内发计划的，每次扣0.5分，本项扣完为止	
4.3.3.3	新能源优先调度评价	5	开展风电、光伏优先调度评价工作	查阅有关资料	未开展该项工作，不得分；未按新能源优先调度评价标准开展评价工作的，每漏掉一次，扣1分，本项扣完为止	
4.3.4	智能电网调度控制系统新能源应用模块	25				
4.3.4.1	新能源监测功能	5	应能提供新能源场站的实时监视、场站信息、运行信息等功能。应提供新能源场站、单机、送出断面等运行信息图形监视功能	在相应画面上进行相关功能验证	无该功能，不得分；每缺少一项或功能不齐，扣0.5分，本项扣完为止	

序号	评价项目	标准分	评分标准	查证方法	评分方法	备注
4.3.4.2	新能源发电能力预测功能	5	应能提供短期功率预测、超短期功率预测、场站上报预测、多场站预测对比、预测统计等功能。应能提供日、周曲线图的方式对预测结果进行查看功能。能对预测曲线进行误差估计和统计，能实现历史数据统计、相关性检验、预报误差统计，能对风电场上报的预测数据进行考核	在相应画面上进行相关功能验证（月平均准确率应达到80%以上、上报率达90%以上）	无该功能，不得分；功能不满足要求的，每缺少一项，扣2分；考核期精度不满足要求的，每降低1个百分点，扣0.5分，本项扣完为止	
4.3.4.3	新能源调度功能	5	应提供基础数据、计划编制等功能。应能实现对负荷、联络线、常规电源等数据进行图形查看功能。应提供全网及单个新能源电场（站）次日96点、未来0～4小时的新能源发电调度计划的制定功能	在相应画面上进行相关功能验证	无该功能，不得分；每缺少一项或功能不齐，扣1分，本项扣完为止	
4.3.4.4	新能源理论功率和弃电统计功能	5	应提供理论功率计算、弃风光统计功能。新能源场站理论功率计算能支持样板机法、测风塔外推法等计算功能。弃风光统计应能对全网和各新能源场站的日、月弃风电量进行统计功能，应能对非限电时段的理论功率计算结果的准确率进行分析	在相应画面上进行相关功能验证	无该功能，不得分；每缺少一项或功能不全，扣1分，本项扣完为止	
4.3.4.5	新能源优先调度评价功能	5	新能源优先调度评价包括日前计划评价和日内运行评价功能。评价内容包括理论发电能力评价、功率预测评价、调度计划评价等	在相应画面上进行相关功能验证	无该功能，不得分；每缺少一项或功能不全，扣1分，本项扣完为止	
4.3.5	分布式电源调度管理	7				

序号	评价项目	标准分	评分标准	查证方法	评分方法	备注
4.3.5.1	分布式电源并网管理	3	指导下级调控机构开展分布式电源调度管理,督促协调有关分布式电源签订并网调度协议等服务工作	查阅有关资料	未开展该项工作,本项不得分;未督促协调有关分布式电源签订并网调度协议等服务工作的,每少一次,扣 0.5 分,本项扣完为止	
4.3.5.2	分布式电源运行管理	2	规范分布式电源运行管理,建立分布式电源台账,开展分布式电源功率预测和分布式电源承载力评估	查阅有关资料和系统	分布式电源基本信息不全的,每个场站扣 0.5 分;未开展分布式电源功率预测和分布式电源承载力评估,扣 1 分,本项扣完为止	分布式电源装机容量在 500MW 以上的开展分布式电源功率预测
4.3.5.3	分布式电源的信息采集	2	加强分布式电源的数据采集和统计管理,完成调管区域内分布式电源信息接入工作,实现全部分布式电源出力的运行监视	在相应画面上进行相关功能验证	未开展该项工作,本项不得分;未按要求接收分布式电源实时运行信息并上传国调的,扣 0.5 分	
4.3.6	其他新能源调度管理	5				
4.3.6.1	其他新能源并网管理	3	指导下级调控机构开展其他新能源调度管理,督促协调其他新能源电源签订并网调度协议等服务工作	查阅有关资料	未开展该项工作,本项不得分;并网调度协议每缺一个场站,扣 0.5 分,本项扣完为止	

序号	评价项目	标准分	评分标准	查证方法	评分方法	备注
4.3.6.2	其他新能源运行管理	2	按要求接入其他新能源运行信息，并进行统计分析	查阅有关资料	未开展该项工作，本项不得分；未按要求收集或接收其他新能源电源运行信息，并进行统计分析的，扣1分	
4.3.7	新能源专业管理	10				
4.3.7.1	规章制度建设	3	应制订和及时修编新能源调度专业技术规程、规定	查阅有关资料	未开展该项工作，本项不得分；未及时修编新能源调度专业技术规程、规定，扣1分	
4.3.7.2	新能源专业培训	3	对下级调控机构及新能源场站专业人员进行培训	查阅培训计划、通知或记录	未开展该项工作，不得分；无培训计划或未按计划实施的，每缺一项，扣1分	
4.3.7.3	对新能源调度对象的专业管理	2	全面掌握新能源发展情况、建立场站基本信息台账，加强对新能源并网和运行的管理，并提供技术指导	查阅有关资料	未开展该项工作，不得分；场站基本信息不全的，每个场站扣0.5分，本项扣完为止	
4.3.7.4	对下级调控机构的专业管理	2	应对下级调控机构新能源调度管理进行专业指导	查阅有关资料	未及时对下级调控机构新能源调度管理进行专业指导的，每次扣0.5分，本项扣完为止	
4.4	储能调度管理	8				

序号	评价项目	标准分	评分标准	查证方法	评分方法	备注
4.4.1	储能电站并网管理	2				
4.4.1.1	储能电站并网基本要求	1	直调储能电站应符合有关并网技术规定,基础信息等资料齐全	查阅有关资料	基础信息等资料不全,每少一个场站,扣 0.2 分,本项扣完为止	
4.4.1.2	储能电站有功/电压控制能力	1	储能电站应具备就地控制和远方遥控功能,调控机构要配置储能电站功率控制主站,实现储能电站的有功功率及电压控制,储能电站要配置功率控制子站,并接入本级调度控制主站实现远程在线动态调节全场运行机组的有功/电压控制	查阅有关资料及系统画面	场站未具备有功/电压控制能力的,每少一个,扣 0.2 分,本项扣完为止	
4.4.2	储能电站运行管理	3	应按时进行并及时上报月度、年度储能电站运行分析	查阅有关资料	每缺少一次月度分析,扣 0.5 分;缺少全年运行总结,扣 1 分;未按时上报分析的,每次扣 0.5 分,本项扣完为止	
4.4.3	储能电站信息采集	3	实现调管区域内储能电站的发电等相关信息的实时接入	在相应画面上进行相关功能验证	未开展该项工作,本项不得分;未按要求接收储能电站实时运行信息的扣 1 分	
4.5	从本专业的角度对公司和电网发展的建议		从水电及新能源专业角度,对电网和电源规划、专业和人员管理进行评估,对公司水电及新能源方面的经营政策提出建议	查阅有关资料	本项不计算分值,以建议形式提出	

续表

序号	评价项目	标准分	评分标准	查证方法	评分方法	备注
5	系统运行专业	322				
5.1	上级调控部门专业管理评估	20				结合考核期内参与考核的数据及各项工作完成情况进行评分
5.1.1	信息、资料	10	信息、资料报送及时、正确	上级调控部门评估	一次报送不及时，扣10%标准分；一个数据不正确，扣10%标准分	
5.1.2	专业管理工作	10	布置的专业管理工作落实情况，调度控制年度重点工作任务等文件中与系统运行专业工作落实情况	上级调控部门评估	有一项工作没有及时落实，扣20%标准分；有一项工作落实效果没有达到预期目的，扣20%标准分	本项为重点评估项目
5.2	运行方式及电网安全稳定管理	145				本条款所需查阅资料为评估日当年和上一年资料
5.2.1	电网运行方式管理	35				本项为重点评估项目
5.2.1.1	开展年度方式计算分析工作	11				
5.2.1.1.1	年度方式编制	4	应按照上级调控要求的时间、内容每年编制年度方式报告	查阅年度方式报告	未编制年度方式报告，不得分；编制时间、内容不满足要求，扣30%标准分；年方式编制未明确计算边界条件，扣20%标准分	
5.2.1.1.2	年度方式汇报	2	应按照上级调控要求向公司主要负责领导汇报	查阅会议纪要	未汇报，不得分；公司主要负责领导未参加会议，扣50%标准分	

续表

序号	评价项目	标准分	评分标准	查证方法	评分方法	备注
5.2.1.1.3	年度方式措施建议及落实情况	3	应制定年度运行方式措施建议并逐项落实时间要求和责任部门，并对落实情况进行跟踪统计	查阅相关资料	未制定年度运行方式措施建议，不得分；未开展跟踪统计，本项不得分；建议措施未完全落实，扣10%标准分	
5.2.1.1.4	年度运行方式计算分析后评估	2	由中心层面每年组织进行一次年度运行方式计算分析的后评估，编制后评估分析报告	查阅有关资料	无后评估报告，本项不得分；计算分析深度不足，扣50%标准分	年度运行方式计算分析深度后评估报告的具体内容和要求，以国调中心相关专业管理文件为依据，或本调控机构管理办法为依据
5.2.1.2	开展2～3年电网滚动分析校核计算工作	5				
5.2.1.2.1	2～3年滚动分析校核报告编制及汇报	3	应按照上级调控要求的时间、内容每年组织编制2～3年滚动分析校核报告并向公司领导汇报	查阅报告和会议纪要	未编制报告或未汇报，不得分；公司领导未参加会议，扣50%标准分；编制时间、内容不满足要求，扣30%标准分；未明确计算边界条件，扣20%标准分	
5.2.1.2.2	2～3年滚动分析校核报告措施建议	2	应制定2～3年措施建议并逐项落实时间要求和责任部门	查阅相关资料	未制定措施建议，不得分；未落实时间要求和责任部门，不得分	
5.2.1.3	配合月度检修计划，开展电网稳定校核工作	5	应配合月度电网检修、改造、新设备投运计划，开展电网稳定校核工作，强化月度电网运行结构控制，管理流程符合有关文件要求	查阅相关资料	未配合开展月度电网检修校核工作，本项不得分；管理流程不符合有关文件要求，扣50%标准分	

序号	评价项目	标准分	评分标准	查证方法	评分方法	备注
5.2.1.4	开展电网运行方式安全风险分析	5	应开展年度、月电网运行方式风险分析工作，分析电网运行方式风险，并提出消除或降低风险的应对措施；应做好或配合相关部门做好风险报备工作	查阅相关资料	未开展风险报备工作，本项不得分；未开展电网运行方式风险分析工作，本项不得分；未提出应对措施的，扣50%标准分	
5.2.1.5	电网运行方式的统一管理	9				
5.2.1.5.1	电网运行方式统一标准管理	3	在上级调控机构的统筹协调下开展本网运行方式工作，全网统一计算程序、统一数学模型、统一技术标准、统一计算条件和统一运行控制策略	查阅相关资料	未实现一项统一工作，扣20%标准分	
5.2.1.5.2	下级电网运行方式的管理	3	协调并审查上级调控运行方式工作	查阅相关资料	未开展此项工作，不得分	
5.2.1.5.3	完善规划建设与运行的衔接机制	3	应制定电网规划、建设与运行常态沟通制度	查阅相关资料	未建立规划建设与运行的衔接机制，本项不得分	
5.2.2	电网稳定运行管理	8				本项为重点评估项目
5.2.2.1	制定稳定限额管理规定	3	应根据上级调控机构颁发的有关规定，制定本网稳定限额管理规定	查阅相关文件	未制定稳定限额管理规定，本项不得分	
5.2.2.2	编制电网稳定运行规定	5	应依据上级调控机构颁发的有关规定和时间要求,制定所辖电网的稳定运行规定,规定中应有对应于正常方式及正常检修方式下的送电极限功率	查阅电网稳定运行规定及检修计算、有关专题报告	未制定稳定运行规定，本项不得分；未考虑正常检修方式，不得分；每缺少一主要方式的稳定极限方案，扣50%标准分	
5.2.3	短路电流计算分析及对策	10				本项为重点评估项目

序号	评价项目	标准分	评分标准	查证方法	评分方法	备注
5.2.3.1	年度大方式下机组全开的短路电流计算	5	每年至少进行一次在年度大方式下机组全开的电网短路电流计算	查阅年度运行方式报告	未进行计算分析，本项不得分	
5.2.3.2	制定限制短路电流超标的措施	5	针对短路电流计算中出现超标的问题逐一制定限制措施	查阅年度运行方式报告	未制定措施或措施没有落实，本项不得分	
5.2.4	潮流计算分析及对策	16				
5.2.4.1	正常方式（含计划检修方式）及 $N-1$ 计算分析	5	对所辖电网每年至少进行一次在正常方式（含计划检修方式）下线路、变压器及发电机组的 $N-1$ 潮流计算分析	查阅有关资料	未进行计算分析，本项不得分；每少做一条线路、变压器及发电机组开断的，扣20%标准分	"N"包含电网中所有支路元件（线路和变压器）及发电机组（下同）
5.2.4.2	重要断面 $N-2$ 分析	3	对所辖电网每年至少进行一次在正常方式（含计划检修方式）下重要断面的 $N-2$ 潮流计算分析，制定事故预案	查阅有关资料	未进行计算分析，本项不得分；每少做一个重要断面，扣20%标准分	
5.2.4.3	正常方式（含计划检修方式）下母线 $N-1$ 计算分析	3	在同一厂站一段母线检修方式下，进行另一段母线停运的潮流计算分析	查阅有关资料	未进行计算分析，本项不得分；每少一个母线停运计算分析的，扣20%标准分	
5.2.4.4	对上述潮流计算分析发现的问题所采取的对策	5	对潮流计算分析所发现的问题应逐一提出解决措施并予以落实	查阅年度运行方式报告及有关资料	未提出解决措施，本项不得分；每有一项措施未落实责任主体或未明确完成时间，扣20%标准分	
5.2.5	电网稳定分析及控制	60	满足《电力系统安全稳定导则》等标准、规范的要求			本项为重点评估项目

续表

序号	评价项目	标准分	评分标准	查证方法	评分方法	备注
5.2.5.1	正常（含计划检修）方式下 N–1 暂态稳定分析及对策	16			如有仅配置一套快速保护的线路，还应进行无快速保护的稳定校验，否则扣相应条款的50%标准分	
5.2.5.1.1	重要元件检修方式的暂态稳定计算分析	2	应对所辖电网重要元件检修方式进行暂态稳定计算分析	查阅年度运行方式报告及有关资料	未进行计算分析，本项不得分；每少做一种方式，扣50%标准分	
5.2.5.1.2	单回联络线的单相瞬时故障暂态稳定计算分析	2	应对所辖电网中单回联络线进行单相瞬时故障的暂态稳定计算分析	查阅年度运行方式报告及有关资料	未进行计算分析，本项不得分；每少算一条线路，扣20%标准分	
5.2.5.1.3	三相永久故障的暂态稳定计算分析	2	应对所辖电网的输电线路进行三相永久性故障的暂态稳定计算分析	查阅年度运行方式报告及有关资料	未进行计算分析，本项不得分；每少算一条线路，扣20%标准分	
5.2.5.1.4	同杆并架输电线路异名相故障的暂态稳定计算分析	2	应对所辖电网的同杆并架输电线路异名两相同时单相故障不重合、双回线同时跳开的暂态稳定计算分析。对配置双套分相电流差动保护的同杆并架线路应进行异名相或同名相瞬时故障和永久性故障的计算分析	查阅年度运行方式报告及有关资料	未进行计算分析，本项不得分；每少算一条线路，扣20%标准分	
5.2.5.1.5	枢纽变电站母线故障的暂态稳定计算分析	2	应对所辖电网的枢纽变电站母线进行三相永久性故障的暂态稳定计算分析	查阅年度运行方式报告及有关资料	未进行计算分析，本项不得分；每少算一站，扣10%标准分	
5.2.5.1.6	受端系统中容量最大机组掉闸的暂态稳定计算分析	2	应对所辖电网内受端系统中容量最大机组掉闸进行暂态稳定计算分析	查阅年度运行方式报告及有关资料	未进行计算分析，本项不得分	

续表

序号	评价项目	标准分	评分标准	查证方法	评分方法	备注
5.2.5.1.7	对暂态稳定计算分析中发现的问题提出的对策	2	应对暂态稳定计算分析中所发现的问题逐一提出对策（解决措施及相应的暂态稳定计算分析）	查阅年度运行方式报告及有关资料	未提出对策，本项不得分；每少一项对策，扣50%标准分	
5.2.5.1.8	落实对策的情况	2	应对被采纳的对策制定落实措施（包括详尽方案、实施步骤、完成时间等）	查阅年度运行方式报告、有关专题报告及有关文件	每有一项措施未落实责任主体或未明确完成时间，扣50%标准分	
5.2.5.2	严重故障暂态稳定计算分析及对策	12				
5.2.5.2.1	所辖电网内特别重要送（受）电通道中两回输电线路同时掉闸的暂态稳定计算分析	3	正常方式下应对所辖电网内特别重要送（受）电通道同一输电断面中两回输电线路同时掉闸进行暂态稳定计算分析	查阅年度运行方式报告、有关专题报告	未进行计算分析，本项不得分	本项为重点评估项目
5.2.5.2.2	所辖电网内同杆架设多回输电线路同时掉闸的暂态稳定计算分析	2	正常方式下应对所辖电网内同杆架设多回输电线路同时掉闸进行暂态稳定计算分析	查阅年度运行方式报告、有关专题报告	未进行计算分析，本项不得分	
5.2.5.2.3	发电厂全停的暂态稳定计算分析	3	应对所辖电网内受端系统中大容量电厂全停进行暂态稳定计算分析	查阅年度运行方式报告、有关专题报告	未进行计算分析，本项不得分	
5.2.5.2.4	对暂态稳定计算分析中发现的问题提出的对策	2	应对暂态稳定计算分析中所发现的问题逐一提出对策（解决措施及相应的暂态稳定计算分析）	查阅年度运行方式报告、有关专题报告	未提出对策，本项不得分；每少一项对策，扣50%标准分	
5.2.5.2.5	落实对策的情况	2	应对被采纳的对策制定落实措施（包括详尽方案、实施步骤、完成时间等）	查阅年度运行方式报告、有关专题报告	每有一项措施未落实责任主体或未明确完成时间，扣50%标准分	

序号	评价项目	标准分	评分标准	查证方法	评分方法	备注
5.2.5.3	电压稳定分析及对策	6				
5.2.5.3.1	受端电网静态电压稳定裕度计算分析	2	应对受端电网正常方式（含计划检修）及 $N-1$ 方式下进行静态电压稳定裕度计算分析	查阅有关计算报告	未进行计算分析，本项不得分；每少做一受端电网，扣20%标准分	
5.2.5.3.2	发电厂全停的静态电压稳定计算分析	2	应对所辖电网内受端系统中的发电厂全停进行静态电压稳定计算分析	查阅年度运行方式报告、有关专题报告	未进行计算分析，本项不得分	
5.2.5.3.3	落实对策的情况	2	应对被采纳的对策制定落实措施（包括详尽方案、实施步骤、完成时间等）	查阅年度运行方式报告、有关专题报告	每有一项措施未落实责任主体或未明确完成时间，扣50%标准分	
5.2.5.4	小扰动动态稳定计算分析及对策	10				
5.2.5.4.1	小扰动动态稳定计算分析	3	应对所辖电网进行小扰动动态稳定计算分析	查阅计算分析报告	未进行计算分析，本项不得分	
5.2.5.4.2	电力系统稳定器（PSS）的运行管理	3	应制定 PSS 装置的管理要求，并监督有关电厂按要求投入 PSS 装置	查阅有关规定和 PSS 运行记录	未制定运行管理要求，本项不得分；未按要求投入运行，扣40%标准分	本项为重点评估项目
5.2.5.4.3	电力系统稳定器（PSS）模型参数及定值管理	4	新投产及励磁系统改造的机组应进行 PSS 装置相关试验；调度部门应采用实测模型参数计算校核；现场应将 PSS 装置整定定值报调度部门备案	查阅试验报告及有关资料	无 PSS 装置试验报告，本项不得分；调度部门没有采用实测模型参数计算校核，扣50%标准分，每缺少一份备案，扣20%标准分	
5.2.5.5	电网稳定事故	5	评估当年和上一年所辖电网不得发生有人员责任的稳定破坏事故	查阅事故报告	发生有人员责任的稳定破坏事故，本项不得分	

序号	评价项目	标准分	评分标准	查证方法	评分方法	备注
5.2.5.6	电网局部或全部停电后启动送电方案	11				
5.2.5.6.1	机组黑启动试验	3	对确定为黑启动电源的机组应每年进行一次黑启动试验,黑启动试验报告应报调度部门备案,黑启动试验应经调度部门批准审查	查阅有关资料	没有进行机组黑启动试验,本项不得分。调度部门没有对电厂黑启动试验审查记录的,扣50%标准分	
5.2.5.6.2	电网局部停电后启动送电方案	3	应按照国调和上级调控要求编制所辖电网局部地区(包括含有电源的小地区)停电后的恢复送电方案并落实到各有关部门	查阅有关资料	未编制方案,本项不得分;方案不全或未全部落实,扣50%标准分	
5.2.5.6.3	电网全部停电后黑启动方案	5	应按照国调和上级调控要求编制所辖电网全部停电后的黑启动方案并落实到各有关部门。黑启动方案除包括利用网内黑启动电源进行启动外,还应包括利用跨区、跨省通道恢复全停电网主网架的专项方案,并完成模拟演练	查阅有关资料	未编制方案或方案不落实,本项不得分	本项为重点评估项目
5.2.6	预防功率振荡	10				
5.2.6.1	明确系统振荡识别、预防性措施及处置的有关规定	2	应在调度规程或有关规定中明确系统振荡识别、预防性措施及处置的有关规定,预防性措施有落实	查阅现行调度规程	未明确有关规定,不得分;预防性控制措施未落实,扣50%标准分	
5.2.6.2	加强对地区电网的安全分析,防止低压电网影响高压主网的安全运行	4	应当建立小机组相对集中地区110(66)kV电网的计算分析数据,组织开展地区电网计算分析工作;仿真计算中小机组应尽量采用详细模型。应在有关规定中明确:及时上报地区电网稳定分析报告及存在问题时的相应措施	查阅有关资料	未建立相关计算分析数据,本项不得分;未采用小机组详细模型,扣50%标准分。没有制定地区电网稳定分析报告上报规定,扣50%标准分;措施建议没有及时落实,扣25%标准分	分中心不参与考评

序号	评价项目	标准分	评分标准	查证方法	评分方法	备注
5.2.6.3	低频振荡在线监测	2	应利用 WAMS 系统在线监测系统低频振荡，监测功能达到实用水平	查阅运行记录	未利用 WAMS 系统在线检测系统低频振荡，本项不得分；检测功能未达到实用水平，扣50%标准分	本项为重点评估项目
5.2.6.4	PMU 装置配置	2	主网 500（330kV）及以上厂站、220kV 枢纽变电站、大电源、电网薄弱点、通过 35kV 及以上电压等级线路并网且装机容量 40MW 及以上的风电场、光伏电站均应部署相量测量装置（PMU），其中新能源发电汇集站、直流换流站及近区厂站的相量测量装置应具备连续录波和次/超同步振荡监测功能	查阅 PMU 装置实际布点情况		
5.2.7	直流故障及扰动校核	6	按照标准、规定要求，对所辖电网内直流输电线路进行单换流器闭锁、单极闭锁、双极闭锁、功率突降、再启动、换相失败等故障或扰动校核	查阅年度运行方式报告及有关资料	未进行计算分析，本项不得分。每缺少一项，扣50%标准分	
5.3	电网安全自动装置	39				
5.3.1	电网安全自动装置信息管理功能模块	3	对影响主网稳定的跨区、跨省工程配套安控，应建设安控装置信息管理功能模块，实现对安控装置运行信息实时监视（运行状态、通道状态、压板状态和控制量等）；实现安控装置动作报告及录波数据等运行信息管理	现场查看	未建设本功能模块，不得分；每缺少一项主要功能，扣50%标准分	
5.3.2	落实潮流、稳定计算分析对电网安全自动装置配置和功能的要求	4	在全接线方式下，当发生严重故障会引起稳定破坏或设备过负荷时应配置联切机、联切负荷、联切线路或其他自动装置	查阅年度运行方式报告和有关资料	在出现问题的地点未全部配置安全自动装置，本项不得分；装置功能不完善，扣50%标准分	

序号	评价项目	标准分	评分标准	查证方法	评分方法	备注
5.3.3	系统解列装置的配置及功能要求	5	根据电网结构并考虑最严重故障（指导致电网稳定破坏的故障），合理确定系统解列点并装设系统解列装置，防范因连锁反应造成的事故扩大	查阅年度运行方式报告、有关资料及有关运行规程	需要装设系统解列装置而未全部装设，本项不得分；未进行解列后的系统稳定和电力平衡校验计算，本项不得分	
5.3.4	自动低频减负荷及自动低压减负荷功能策略管理	14				
5.3.4.1	低频低压减负荷装置切负荷管理	2	低频低压所减载装置动作后，所切负荷不得依靠备自投装置恢复送电	查调度 EMS 系统、有关资料及变电站装置	发现装置所切荷馈线有投备自投装置的，本项不得分；切荷实时信息没有上传调度部门，扣50%标准分	
5.3.4.2	统计及事故分析	4	应按月开展低频低压减负荷统计分析，统计分析应应基于在线统计功能开展；应对每次事故后低频低压减载切荷量进行分析，对存在的问题制定并落实整改措施	查阅相关报告资料	未开展低频低压减负荷统计分析，每月扣20%标准分；每缺少一份事故分析报告，扣40%标准分	
5.3.4.3	对自动低频减负荷容量的要求	4	所辖电网应安排足够的自动低频减负荷容量（包括全网及可能孤立运行的局部地区）	查阅当年自动低频减负荷方案	自动低频减负荷容量小于电网可能出现的最大有功功率缺额，本项不得分；其中有一轮次切荷量不满足要求，扣50%标准分	
5.3.4.4	对自动低压减负荷容量的要求	4	应对所辖电网内可能出现无功功率缺额的地区装设自动低压减负荷装置或其他自动装置，以保证电网不发生稳定破坏或电压崩溃	查阅当年自动低压减负荷方案	未装设自动低压减负荷装置或其他自动装置，本项不得分	应考虑发生严重故障时无功功率缺额的情况

序号	评价项目	标准分	评分标准	查证方法	评分方法	备注
5.3.5	安全自动装置投产时间	5	与基建、技改项目配套的安全自动装置应与一次设备同步投产	查阅有关运行记录及报告	安全自动装置滞后于一次设备投产，本项不得分	
5.3.6	安全自动装置控制策略管理	4	根据计算分析报告制定安全自动装置控制策略；在电网结构重大变化和相关地区新机组投产时及时复核安全自动装置控制策略	查阅有关资料	无控制策略计算分析报告，本项不得分；安全自动装置控制策略复核不及时，扣50%标准分	
5.3.7	安全自动装置风险评估	4	应每年定期统计安全自动装置切负荷、切机（供热机组）情况，结合国务院599号令开展风险评估	查阅有关文件和资料	未开展安全自动装置风险评估，本项不得分	本项为重点评估项目
5.4	无功及电压管理	27				
5.4.1	无功管理	6				
5.4.1.1	无功平衡的计算分析	4	在年度运行方式计算分析中应进行无功平衡的计算分析	查阅年度运行方式报告	未进行无功平衡计算分析、未进行感性和容性无功设备容量补偿度计算，本项不得分；补偿容量不足，扣50%标准分	
5.4.1.2	发电机组进相运行的管理	2	应制定发电机组进相运行管理要求，并网运行的统调机组均应根据试验情况制定进相运行的具体要求并在日常运行中实施	查阅有关管理要求和发电机组进相运行试验报告及有关运行要求	未制定发电机组进相运行管理要求，本项不得分。未全部做进相运行试验，本项不得分	
5.4.2	电压管理	10				
5.4.2.1	电压计算分析	3	应在年度运行方式计算分析中进行系统大、小方式下及重大检修方式变化时的电压计算分析	查阅年度运行方式报告及有关资料	未进行电压计算分析，本项不得分	

序号	评价项目	标准分	评分标准	查证方法	评分方法	备注
5.4.2.2	电压曲线	2	应按季度编制所辖电网电压曲线并按时下达相关单位	查阅有关文件并到现场查看	未按季度编制电压曲线，本项不得分。未按时下达相关单位，每发现一处，扣50%标准分	水电比重较大的电网应根据丰、枯水期及时调整电压曲线
5.4.2.3	电压监测	3	对所辖电网220kV及以上厂站电压进行监测、统计并考核	查阅有关资料	电压考核点未达到全部电压监测点，扣50%标准分。没有制定电压统计与考核管理办法，扣50%标准分	
5.4.2.4	电压合格率	2	220kV及以上厂站电压合格率应达到99.5%以上	查阅有关资料	220kV及以上厂站电压合格率达到99.5%及以上，得满分；99.5%以下不得分	
5.4.3	自动电压控制（AVC）管理	11				
5.4.3.1	自动电压控制（AVC）管理要求	3	依据有关标准制定自动电压控制（AVC）管理要求	查阅有关资料	没有制定自动电压控制（AVC）管理要求，本项不得分	
5.4.3.2	安全及控制策略管理	4	定期对AVC主站安全约束、控制策略和动作效果进行分析，编制分析报告,对存在的问题及时制定并落实整改措施	查阅有关资料	没有进行分析，本项不得分；没有完成整改措施，扣50%标准分	
5.4.3.3	模型参数、控制策略维护管理	2	电网结构、模型参数、安全及控制策略改变时，应及时进行更新维护并记录	查阅维护记录资料	模型参数、安全及控制策略没有维护，本项不得分；维护不及时，扣50%标准分	

续表

序号	评价项目	标准分	评分标准	查证方法	评分方法	备注
5.4.3.4	AVC系统上下级协调控制机制	2	各分中心AVC系统应能实现网省协调控制,应制定AVC系统网省协调控制管理规定;各省(市)调AVC系统应能实现省地协调控制,应制定AVC系统省地协调控制管理规定	查阅有关资料、现场查看	未实现AVC系统上下级协调控制,不得分;未制定AVC系统上下级协调控制管理规定,扣50%标准分	
5.5	前期规划及基建投产管理	21				
5.5.1	前期审查工作	4	应参加电网新建、改扩建工程的前期可研及初设审查工作并将意见及时上报,以实现电网规划建设与运行的有效衔接。审查意见反馈前应经中心内部审核	查阅有关资料	未参加前期审查工作,本项不得分;未及时反馈意见,扣50%标准分	本项为重点评估项目
5.5.2	调度范围划分和设备编号命名	4	应按照有关规定制定本网设备编号和命名规则,应在收到拟并网方提交的一次设备命名、编号申请及正式资料并进行现场核实后的30日内,以文件形式下发相关设备的命名编号及调度管辖范围	查阅有关资料	未制定本网设备命名编号规则,扣50%标准分;没有按要求下发文件,一次扣20%标准分	
5.5.3	新建、改建和扩建工程的启动方案	4	应按有关规定对新建、改扩建工程编制启动方案	查阅有关资料	未编制有关基建项目的启动方案并及时下发,每出现一次,本项不得分。启动方案出现重大差错,本项不得分	
5.5.4	电网厂、站接线图	4	应定期编制和及时更新所辖电网发电厂、变电站一次设备接线图	查阅有关图纸图册	未编制接线图,本项不得分;未及时更新,扣50%标准分	

序号	评价项目	标准分	评分标准	查证方法	评分方法	备注
5.5.5	规范新设备启动流程	5	应严格执行新设备启动流程	查阅文件规定及 OMS 系统中有关内容	未制定调度部门新设备启动流程，本项不得分；流程执行不到位，扣50%标准分	
5.6	电力系统参数管理	28				
5.6.1	电力系统设备参数管理规定	5	参数管理规定应包含各专业、各应用系统并实行流程化管理	查阅有关资料	没有制定管理规定，本项不得分；流程化管理执行不到位，扣50%标准分	
5.6.2	建立电力系统计算参数库	4	应建立电力系统计算使用的参数库	查阅有关资料	未建立参数库，本项不得分；参数库内容不齐全，扣50%标准分	
5.6.3	及时更新电力系统数据库	3	应及时更新电力系统数据库和在线应用系统设备参数	查阅有关资料	数据库或在线应用系统设备参数未及时更新，各扣50%标准分	
5.6.4	工程项目参数管理	3	对新建、改建工程项目的设备参数在投产前收集齐全	查阅有关资料	未及时收集齐全，扣50%标准分	
5.6.5	实测工程项目设备参数	3	应对新建、改建工程项目线路、变压器设备参数提出实测要求	查阅有关资料	未提出实测要求，本项不得分	
5.6.6	对发电机、原动机参数和励磁、调速系统参数的要求	10	应有所有统调机组发电机、原动机模型参数。应开展接入 220kV 及以上电网统调机组励磁、调速系统等关键设备实测建模工作，并掌握建模工作情况	查阅有关资料	统调机组上述模型参数不齐全，本项不得分；统调机组励磁、调速系统实测建模率未达到100%，本项不得分；未建立统调机组励磁、调速系统等关键设备实测建模工作管理台账，扣30%标准分	本项为重点评估项目

序号	评价项目	标准分	评分标准	查证方法	评分方法	备注
5.7	发电厂机网协调管理	26				
5.7.1	编制网厂协调管理要求	3	应依据有关标准制定网厂协调管理要求,针对网厂协调管理制定系统性的管理要求	查阅有关文件	未制定管理要求,对相关内容进行系统性的管理要求,本项不得分	
5.7.2	机组涉网试验	8	统调机组应按照各项标准、规定,进行励磁系统参数测试及建模试验、调速系统参数测试及建模试验、电力系统稳定器(PSS)整定试验、进相试验、一次调频试验、AGC 试验、AVC 试验等。风电场、光伏发电站涉网试验包括风电机组、光伏逆变器及无功补偿设备的建模试验、一次调频试验、AGC 试验、AVC 试验、有功/无功功率控制能力测试、电能质量测试、高电压穿越能力和低电压穿越能力验证、电压、频率适应能力验证等	查阅试验报告	每有 1 台统调机组试验报告不全,扣 10%标准分	本项为重点评估项目
5.7.3	发电机组涉网保护管理	5	应对并入所辖电网的发电机组的高频率、低频率、低励限制、速度变动率、过电压、低电压、失步保护等保护定值进行备案	查阅有关文件及资料	调度部门没有进行备案,每发现一个,扣 50%标准分	
5.7.4	发电机组一次调频管理	5	应制定发电机组一次调频技术管理规定并实施,并掌握所辖电网容量为 100MW 及以上机组一次调频投入情况	查阅有关文件及现场查看	未制定管理规定,本项不得分;所辖电网容量为 100MW 及以上机组一次调频投入情况掌握台数不足 90%,扣 50%标准分	

续表

序号	评价项目	标准分	评分标准	查证方法	评分方法	备注
5.7.5	电源涉网关键控制设备入网管理	5	应强化电源涉网关键设备入网管理,应具备励磁、调速等机组涉网关键设备的入网检测报告	查阅有关文件及资料	每缺少一份入网检测报告,扣10%标准分	
5.8	岗位人员设置与管理	16				
5.8.1	系统运行专业岗位管理	4	系统运行专业处室应制定相关业务流程,内容包括岗位设置、工作内容、完成标准、各岗位业务的衔接及考核指标等	查阅岗位设置及人员编制等资料	未制定业务流程,本项不得分;内容缺失,相应扣分	
5.8.2	对系统运行专业岗位上岗人员的基本要求	3	有一定专业理论基础;有一定调度运行经验和较强学习能力;遵守调度规程和相关规程、规定;熟知本岗位业务流程;熟练掌握本岗位工作技能,了解其他岗位业务流程	查阅岗位设置及人员编制等资料;查询相关岗位上岗人员	酌情给分	
5.8.3	对本调控机构系统运行专业人员的专业培训	3	应制定系统运行专业人员的年度培训计划并予以实施	查阅培训资料。查询相关岗位上岗人员	无培训计划,本项不得分;未按计划实施,每缺一项,扣20%标准分	
5.8.4	对本调控机构系统运行专业人员的安全培训	3	每年至少一次安规考试	查阅安培资料	未安排考试或有人漏考,本项不得分	
5.8.5	对管辖范围内专业人员的培训	3	应制定管辖范围内(包括下级调控机构)系统运行专业人员的年度培训计划,并予以实施	查阅培训资料	无培训计划,本项不得分;未按计划实施,每缺一项,扣20%标准分	

序号	评价项目	标准分	评分标准	查证方法	评分方法	备注
5.9	从专业管理的角度，对电网结构合理性进行评估，对查评公司电网规划和技术改造提出建议		被查单位提供准备材料： 1. 当年电网结构合理性评估报告（包含稳定水平、变电站供电可靠性、电压、网损、运行调整和控制手段，存在的问题和应对措施等内容）。 2. 未来 3 年电网建设和技术改造建议方案。 3. 前 2 年调度部门对电网规划、设计审查及技术改造建议及落实情况的报告		本项不计算分值，以建议形式提出	可以从近、中、远期电网的发展、与上级电网发展的衔接，以及电网运行与控制技术进步等方面进行论述
6	**继电保护**	**270**				
6.1	上级调控部门对本级调控机构继电保护专业工作的评价	20				结合考核期内参与考核的数据及各项工作完成情况进行评分
6.1.1	信息、资料的报送	10	应按时完成专业信息和数据报送	上级调控部门根据专业信息和数据报送的完整性、准确性和及时性等进行评价	专业信息、数据报送不准确或不及时，每次扣10%标准分	
6.1.2	上级要求及重点工作的执行情况	10	积极贯彻执行上级调控部门的技术政策和工作部署，完成调控年度重点工作	上级调控部门根据对有关文件、通知等的落实情况进行评价	未落实或工作缺项，每次扣 10%标准分	
6.2	继电保护及安全自动装置配置及运行指标	40				

序号	评价项目	标准分	评分标准	查证方法	评分方法	备注
6.2.1	继电保护及安全自动装置配置	20	满足《线路保护及辅助装置标准化设计规范》和《变压器、高压并联电抗器和母线保护及辅助装置标准化设计规范》，220kV 及以上新投运继电保护装置标准化率 100%。 220kV 及以上电压等级线路、变压器、母线、高压电抗器、串联电容器补偿装置等输变电设备的保护配置双重化率 100%。 220kV 及以上电压等级继电保护（不含并网电厂及大用户的非涉网保护）国产化率 100%。 主网（500kV 及以上电压等级，西藏地区 220kV 及以上电压等级）线路保护光纤化率 100%。 110kV 及以上新投厂站安全自动装置标准化率（满足《电网安全自动装置标准化设计规范》）100%。 220kV 及以上电压等级继电保护无超期服役装置（自投运日起运行年限超过 12 年，且评价结果为"严重状态"的老旧设备）	检查继电保护及安全自动装置等设备实际配置情况（包括 220kV 及以上并网电厂的并网线路、母线保护、断路器保护）	每项指标不满足要求，扣 2%标准分；每降低 1%，加扣 1%标准分。存在超期服役设备的，扣 2%～20%标准分，已列入技改计划的，扣分减半	本项为重点评估项目
6.2.2	继电保护及安全自动装置运行指标	20	220kV 及以上系统继电保护正确动作率 100%。 220kV 及以上系统电网故障快速切除率 100%	查调度、监控值班日志及继电保护运行统计分析数据	每项指标不满足要求，扣 10%标准分；每降低 1%，加扣 1%标准分	

续表

序号	评价项目	标准分	评分标准	查证方法	评分方法	备注
6.3	定值管理	50				
6.3.1	定值整定管理	15	整定范围划分合理、明确,整定原则执行严格,整定资料(参数、说明书、图纸资料等)管理规范	检查继电保护整定资料	整定范围未明确或划分不合理或范围有漏洞的,扣 10%～30%标准分。整定原则未严格执行,扣 10%～30%标准分。整定资料欠缺或管理不规范的,扣 10%～30%标准分	
6.3.2	一体化整定计算平台	20	软件功能与数据相互独立,计算软件具备与统一的基础数据平台数据共享、数据交互、业务协同的能力,实现业务流程的规范统一	实际检查一体化整定计算平台	软件功能、基础数据、数据服务不满足技术规范要求的,扣 20%～60%标准分。一体化整定计算数据不完整、不准确的,每发现 1 处扣 10%标准分。扣完为止	本项为重点评估项目
6.3.3	定值在线校核模块	15	实现对直调范围内继电保护各类装置的定值在线校核,实现对继电保护各类装置的计划态(考虑检修计划及电网切改方式)定值校核等功能	实际检查定值在线校核模块	定值在线校核模块不能正常运行的,不得分。定值在线校核未覆盖直调范围内全部继电保护设备的,扣 20%标准分。定值在线校核模块数据接口、故障计算、校核预警、故障分析等功能、性能不满足规范要求的,扣 10%～50%标准分	

续表

序号	评价项目	标准分	评分标准	查证方法	评分方法	备注
6.4	电网运行管理	40				
6.4.1	电网运行支持与协调	20	制定明确的调管范围内继电保护电网运行规定且及时修订。全网继电保护设备命名规范且严格执行。电网检修计划、检修工作票、电网安全措施、新设备启动方案等会商、审核到位。继电保护纵联通道检修、通道路由变更应经继电保护专业审核	查阅继电保护运行规定,检查检修工作票、调度令等执行情况。检查 OMS 相关模块,查阅专业会签、审核记录	继电保护运行规定执行不严或未及时修订,扣5%~15%标准分。应会签的电网检修工作票、新设备启动方案未会签的,或会签内容错误的,每次扣5%标准分。因运行规定、检修工作票、新设备启动方案中继电保护专业问题导致电网运行出现六级及以上事件的,每次扣10%标准分。继电保护纵联通道检修、通道路由变更不经继电保护专业审核的,每次扣5%标准分。扣完为止	
6.4.2	继电保护在线监视与分析模块	20	继电保护在线监视与分析模块应能够采集和分析调管范围内继电保护装置的动作、告警、状态变位、在线监测、中间节点信息、保护内部录波等信息,以及故障录波器录波文件,采集和分析应符合相关标准要求。调管范围内厂站接入率100%,设备联通率大于98%	检查继电保护设备在线监视与分析模块建设及运行情况	本模块不能正常运行的,不得分。厂站接入率、设备联通率每项指标不满足要求,扣1%标准分,每降低1%,加扣1%标准分。电网故障时,继电保护动作数据、故障录波器录波文件未及时完整采集的,每次扣5%标准分。分中心继电保护设备在线监视与分析模块未实现与国调互联互通的,扣20%标准分。扣完为止	本项为重点评估项目

续表

序号	评价项目	标准分	评分标准	查证方法	评分方法	备注
6.5	装置管理	60				
6.5.1	设备运行管理平台	20	全面应用设备身份识别代码,实现各电压等级保护设备及安全自动装置的数据统一管理、运行分析和状态评价,实现调管范围内保护及安全自动装置的软件版本规范管理	实际检查保护设备运行管理平台运行情况。抽查部分保护及安全自动装置实际版本与要求版本的一致性	平台数据涵盖不全,扣10%~50%标准分。数据及信息更新不及时、不准确、不完整的,扣10%~50%标准分。设备身份标签未全部实现的,扣10%~50%标准分。平台功能、性能不满足规范要求的,扣10%~50%标准分。实际软件版本与要求版本不一致的,每项扣10%标准分。瞒报、漏报保护不正确动作的,每次扣10%标准分。错报、漏报保护动作信息的,每次扣10%标准分。扣完为止	本项为重点评估项目
6.5.2	智能变电站配置文件管控系统	10	建立智能变电站配置文件管控系统,并基于系统开展配置文件相关管控工作,对配置文件实施统一管理	实际检查智能变电站配置文件管控系统,抽查220kV及以上变电站SCD、CID、CCD等相关配置文件	未配置本系统的、本系统不能正常运行的,不得分。数据、变更记录等不及时、不准确、不完整的,扣10%~80%标准分	
6.5.3	缺陷管理	5	及时对缺陷进行处置、统计及分析	查阅调管范围内设备运行记录及缺陷处理记录,查阅统计分析数据和设备运行分析报告	缺陷处置不及时的,每台次扣20%标准分,扣完为止。缺陷统计、分析不全面或不准确的,扣20%~80%标准分	

序号	评价项目	标准分	评分标准	查证方法	评分方法	备注
6.5.4	家族性缺陷管理	5	建立家族性缺陷治理台账,及时完成家族性缺陷整改	查阅家族性缺陷治理台账,检查家族性缺陷治理执行情况	未按时完成治理的,每项家族性缺陷扣 20%～40%标准分。台账不齐全或与实际情况不符的,扣 20%～80%标准分。及时上报家族性缺陷（含疑似）,经国调中心正式发文认定的,每项加 20%标准分	本项为重点评估项目
6.5.5	设备运行分析	5	加强设备运行分析工作,每年编制设备运行分析报告(至少包括设备情况、缺陷分析、运行分析、典型故障分析、设备总体评价五部分。对于每部分应按生产厂家、保护类别、各年度数据对比等分别进行统计分析),总结分析继电保护设备运行、动作及缺陷等情况	查阅设备运行分析报告	未编写设备运行分析报告的,扣 100%标准分。分析报告内容不全或分析深度不够的,扣 20%～40%标准分	
6.5.6	反措管理	5	严格执行国家电网有限公司及省公司制定的各项反措。建立全网继电保护反措台账,对反措实施有计划、有监督,杜绝反措问题在新建工程重复发生	检查反措台账及反措执行情况	反措未按时全部执行的,每项扣 10%～20%标准分。反措台账不齐全或与实际情况不符的,扣 10%～20%标准分。对反措发布后的新建工程,存在未严格执行反措的,扣 50%标准分	

序号	评价项目	标准分	评分标准	查证方法	评分方法	备注
6.5.7	检验计划管理	5	建立继电保护及安全自动装置年度检修计划管理工作机制。调管范围内检验计划完整率、首检完成率、检验计划执行率100%,检验超期率0%	检查调度值班日志及继电保护运行统计分析数据	每项指标不满足要求,扣10%标准分。检验计划完整率、首检完成率、检验计划执行率每降低1%,加扣10%标准分。检验超期率每上升1%,加扣10%标准分。扣完为止	
6.5.8	现场作业管理	5	制定现场标准化作业指导书并严格执行,现场作业安全、质量保证措施到位。加强验收管理,杜绝不合格产品进入电网运行	查阅省检修公司、地区供电公司继电保护验收、检验等现场作业指导书,检查验收记录、检验报告等各类作业报告	继电保护计划性作业无作业指导书的,每次扣10%标准分。扣完为止。现场作业指导书编制不规范、不正确,执行不严格,作业质量有缺陷的(如继电保护设备硬件、软件版本验收时未核实与检测产品的一致性、检验漏项等),扣20%～40%标准分	
6.6	直流保护管理(属地内有直流)	20				属地内无直流的,本项不扣分
6.6.1	直流控制保护装置管理	10	直流保护软件修改申请、审核、批准流程完善。将工程师工作站纳入运行设备统一管理,加强软件加密狗管理、缺陷管理、反措管理、检验管理、现场作业管理	查阅直流控制保护软件管理系统,检查软件版本的统一管理情况。检查换流站设备运行管理情况	未建立软件版本档案,或档案内容不完整,扣10%～30%标准分。软件修改记录不完整,与实际不一致的,每站扣10%标准分。未严格履行软件修改的审核职责,每发生1次,扣10%标准分。设备运行管理未严格执行国调要求的,每站扣10%标准分。扣完为止	

序号	评价项目	标准分	评分标准	查证方法	评分方法	备注
6.6.2	直流属地化管理	10	将属地化运维换流站直流保护纳入本省继电保护专业管理范畴	检查属地化换流站专业管理情况	未按属地化原则配置直流保护专责，或未开展属地化直流保护管理的，扣100%标准分。未参加属地化换流站直流控制保护设计联络、出厂试验、联调试验工作，未能做好换流站年度和月度检修计划中直流保护相关设备的检验或技改管理工作，每发生1次，扣10%标准分。属地化运维换流站发生七级及以上电网事件或六级及以上设备事件，未能赶赴现场调查并协助开展故障分析和反措落实工作，每发生1次，扣10%标准分。扣完为止	
6.7	电厂及大用户涉网管理	20				
6.7.1	接入电网管理	10	参与并网电厂及高压大用户工程可研及初设审查、相关设备技术参数确定和设备配置选型等工作。并网运行的风电场、光伏电站的继电保护配置应满足电网运行要求。首次并网前，参与并网电厂及高压大用户工程验收	查阅有关文件、资料及相关继电保护运行情况。检查并网运行的风电场、光伏电站的继电保护配置	应参与而未参与工程可研及初设审查、工程验收等工作的，扣10%～40%标准分。风电场、光伏电站的继电保护配置不满足电网运行要求的，扣10%～40%标准分	

序号	评价项目	标准分	评分标准	查证方法	评分方法	备注
6.7.2	涉网运行管理	10	并网电厂及高压大用户相关保护的配置、动作事件、缺陷、检验、技改、反措应纳入统一管理	检查继电保护设备运行管理平台。查阅有关文件、资料	并网电厂及高压大用户的保护动作、缺陷、检验、技改、反措落实等，不满足电网运行要求的，扣10%～100%标准分	
6.8	继电保护专业队伍建设	20				
6.8.1	专业体制机制	5	完善体制机制，加强骨干队伍培养，完善专业激励机制	查阅有关文件、资料。检查机构调整、专家组、专业激励等队伍建设情况	未成立继电保护专家组，或专家组未在技术攻关、标准制定、技术培训等方面充分发挥作用的，扣10%～50%标准分。未建立专业激励机制，或激励机制执行不佳的，扣10%～80%标准分。继电保护机构优化调整落实不到位，扣10%～50%标准分	
6.8.2	专业人员配备	5	调控中心、检修公司、技术支撑单位的专业人员配置合理，分工明确，岗位职责规范清晰	检查各单位实际人员配置情况	人员配置不合理，影响继电保护正常工作的，扣10%～100%标准分	
6.8.3	专业培训	10	针对调控中心、检修公司、技术支撑单位继电保护专业人员应有合理完善的培训计划，并予以实施，满足电网发展对继电保护专业的要求	查阅培训计划、培训记录及相关培训资料	未制定培训计划，或培训计划针对性不强的，扣10%～50%标准分。培训计划未完成的，扣10%～50%标准分	

续表

序号	评价项目	标准分	评分标准	查证方法	评分方法	备注
7	**调度自动化**	**269**				
7.1	上级调控部门专业管理评估	20				结合考核期内参与考核的数据及各项工作完成情况进行评分
7.1.1	信息、资料	10	信息、资料报送及时、正确	上级调控部门评估	一次报送不及时，扣10%标准分；一个数据不正确，扣5%标准分	
7.1.2	专业管理工作	10	调控年度重点工作及布置的专业管理工作落实情况	上级调控部门评估	有一项工作没有及时落实，扣20%标准分；有一项工作落实效果没有达到预期目的，扣20%标准分	
7.2	技术支持保障能力	87				
7.2.1	实时监控与预警类应用要求	42				
7.2.1.1	电网运行稳态监视	3	应具有实用的事件告警、事件顺序记录（SOE）、事故追忆和反演（PDR）、动态网络着色、设备越限告警、事故推画面、极值潮流、平衡分析等功能；实现对全网及分区低频低压减载、限电序位负荷容量的在线监测。按照电网调度运行分析制度要求，实现断面潮流越稳定限额或频率越限告警，实现故障和事故前后的系统频率、电压、潮流和开关动作等变化过程的完整记录，并能够方便地进行事件反演	现场查看	电网调度运行分析制度要求的各项监视功能不具备，不得分；所列电网运行稳态监视各类功能任一项不具备，扣20%标准分	极值潮流为指定时间段内指定系统、支路或断面的最大最小潮流

序号	评价项目	标准分	评分标准	查证方法	评分方法	备注
7.2.1.2	变电站集中监控	3	基于调度控制系统平台,实现面向无人值班变电站的集中监控功能,包括数据处理、责任区与信息分流、间隔建模与显示、光字牌、操作与控制、防误闭锁、继电保护和安全自动装置远方操作等基本功能;支持变电站告警直传、远程浏览,具备远程操作安全认证功能	现场查看	变电站集中监控功能不是基于调度控制系统平台实现的(未实现调控功能一体化),扣20%标准分;所列基本功能任一项不具备,扣20%标准分;不支持告警直传,扣20%标准分;不支持远程浏览,扣20%标准分;不具备远程操作安全认证功能,扣50%标准分	本项为重点评估项目分中心不参与考评
7.2.1.3	电网运行动态监视(WAMS)	4	具备PMU数据采集、数据处理、越限报警、低频振荡监测、在线扰动识别功能,支持与其他智能电网调度控制系统之间交换实时测量数据、画面调用,并实现调度管辖范围内相量测量装置(PMU)100%接入;具备并网机组涉网参数在线监测功能,实现机组一次调频性能和励磁系统性能在线监测	现场查看	无电网运行动态监视应用功能,不得分;所列功能任一项未实现,扣20%标准分;调度管辖范围内PMU接入率低于100%,每低10个百分点,扣10%标准分	本项为重点评估项目
7.2.1.4	自动发电控制(AGC)	3	实现基于T指标或A1/A2或CPS1/CPS2的联络线频率控制、多区域控制、机组协调控制、全网及分区旋转备用容量和AGC调节备用容量的在线监视、机组AGC响应测试等功能	现场演示和查看历史资料	系统无AGC功能,不得分;未实现基于T指标、A1/A2或CPS1/CPS2的联络线频率控制,不得分;未实现全网旋转备用容量或AGC调节备用容量的在线监测,不得分;其他功能,每少一项,扣30%标准分	本项为重点评估项目

序号	评价项目	标准分	评分标准	查证方法	评分方法	备注
7.2.1.5	自动电压控制（AVC）	3	地级及以上调控机构均具备自动电压控制功能，实现无功优化计算、监视与控制、上下级协调控制等功能；当设备或设备对应数据异常时，闭锁该设备的AVC功能	现场演示和查看历史资料，抽查1~2个地调	本级调控机构未实现AVC功能，不得分	本项为重点评估项目
7.2.1.6	综合智能分析与告警	4	实现告警信息采集、综合、筛选、压缩、提炼和显示功能。具备电网潮流越限、电压越限、断面越限告警和短路电流预警功能；能够基于电网稳态数据、动态数据、保护、故障录波以及告警直传等信息对电网故障在线进行识别、分析和告警；能够对告警信息进行分类管理并按重要性分级显示；实现220kV及以上电网设备故障告警实时推送上级调控。220kV及以上电网设备故障告警及向上级调控推送正确率≥90%，且延时应在30s以内	现场测试系统功能，调阅告警日志并与调度日志记录核对，核实近6个月的故障告警正确率及正确推送率（累计值）	未实现综合智能分析与告警功能，不得分；无运行记录，不得分；不能综合多个信息源进行故障识别和告警，扣50%标准分；告警信息源每少一种，扣10%标准分；220kV及以上电网设备故障告警正确率低于90%，每低5个百分点扣10%标准分；未实现220kV及以上电网设备故障告警向上级调控推送，扣50%标准分，推送正确率低于90%，每低5个百分点扣10%标准分。延时大于30s扣10%标准分	本项为重点评估项目
7.2.1.7	状态估计	4	具备状态估计功能。 1. 调度管辖范围内遥测估计合格率≥99.5%（遥测估计值误差有功≤2%，无功≤3%，电压≤0.5%）。 2. 电压残差平均值≤1.5kV	现场调看系统功能，演示和查看历史资料。通过国调中心智能电网调度控制系统核实6个月遥测估计合格率指标的完成情况，抽测1~2个断面，计算电压残差平均值指标的完成情况	不具有状态估计功能，不得分；无可疑数据和坏数据处理记录，不得分；遥测估计合格率低于99.5%，扣20%标准分；电压残差平均值高于1.5kV，扣10%标准分	本项为重点评估项目

序号	评价项目	标准分	评分标准	查证方法	评分方法	备注
7.2.1.8	调度员潮流	3	具备调度员潮流功能。 1. 调度员潮流月合格率≥95%。 2. 调度员潮流计算结果误差≤1.5%	现场演示和查看历史资料	不具有调度员潮流功能，不得分；调度员潮流月合格率低于95%，扣20%标准分；调度员潮流计算结果误差高于1.5%，每高0.1个百分点扣10%标准分	
7.2.1.9	静态安全分析	3	具备静态安全分析功能。 1. 静态安全分析功能月可用率≥98%。 2. 单个故障扫描平均处理时间≤0.1s	现场演示和查看历史资料	不具有静态安全分析功能，不得分；未实现静态安全分析的在线计算，不得分；静态安全分析不支持研究模式，扣30%标准分。静态安全分析功能月可用率低于98%，每低1个百分点，扣10%标准分；单个故障扫描平均处理时间高于0.1s，每高0.1s，扣10%标准分	
7.2.1.10	短路电流计算	3	具备短路电流计算功能	现场演示和查看历史资料	不具备短路电流计算功能，不得分；未实现短路电流在线计算，不得分；其他任一项功能不具备，扣20%标准分	

续表

序号	评价项目	标准分	评分标准	查证方法	评分方法	备注
7.2.1.11	在线安全稳定分析	5	具备静态稳定分析、暂态稳定分析、电压稳定分析、小干扰稳定分析、短路电流分析及裕度评估等六大类稳定分析及辅助策略功能，支持电网实时分析、电网预想方式分析。调管范围内 220kV 及以上所有输变电设备均应纳入在线分析范围	现场查看	在线安全稳定分析应用未投入运行，不得分；缺少任一项功能，扣 20%标准分；不具备基于预想方式的离线研究分析功能，扣 30%标准分；不支持人工启动或事件启动，扣 10%标准分；未实现联合计算分析，扣 20%标准分；未将调管范围内 220kV 及以上所有输变电设备纳入在线分析范围，扣 10%标准分	本项为重点评估项目
7.2.1.12	调度员培训模拟（DTS）应用	4	具备调度员培训模拟（DTS）功能并可应用。调度员培训模拟系统应实现与电网运行稳态监视和网络分析应用互联，并可实现模型拼接。网省、省地间均可实现联合反事故演习	现场演习或查看使用记录	DTS 未投入运行，不得分；DTS 未与电网运行稳态监视和网络分析应用互联，不得分；不能直接采用电网运行稳态监视实时数据，扣 80%标准分；未实现与网络分析应用模型共享，扣 20%标准分；网省或省地间不能实现联合反事故演习，扣 20%标准分	
7.2.2	调度计划类应用要求	14				本项为重点评估项目

序号	评价项目	标准分	评分标准	查证方法	评分方法	备注
7.2.2.1	负荷预测	3	实现系统负荷预测和母线负荷预测功能,具备短期和超短期预测、气象因素影响分析、历史及预测负荷数据修正、负荷稳定性分析、负荷模型管理、误差分析和考核、预测数据发布及上报等功能	现场查看画面和查看历史记录、历史资料	不具备系统负荷预测或母线负荷预测功能,不得分;所列各项子功能任一项不具备,扣10%标准分	
7.2.2.2	发电计划	4	应基于安全约束经济调度(SCED)与安全约束机组组合(SCUC)优化算法,支持节能、年度电量跟踪和电力市场模式,考虑电网平衡约束、机组运行约束、电网安全约束等多种约束进行日前发电计划优化编制。能够采用安全约束优化算法,基于超短期负荷预测结果,自动周期滚动调整形成日内发电计划。支持实用化修正和人工干预	现场查看画面和历史记录、历史资料	不具备发电计划的支持能力,不得分;每缺少其中一项功能,扣10%标准分;不支持实用化修正或人工干预,扣20%标准分	
7.2.2.3	检修计划	4	应支持一次设备检修计划的流程化管理,支持年检修计划、月检修计划、周检修计划、日前检修计划和临时检修管理,具有日前检修计划和临时检修的完整申请、审批流程	现场查看画面和历史记录、历史资料	不具备检修计划管理支持能力,不得分;年、月、周、日前、临时检修计划管理功能每缺少一项,扣10%标准分;检修计划流程不完备,扣10%标准分	
7.2.2.4	电能量计量	3	实现220kV及以上变电站和国家电网有限公司资产电厂的进出线、主变压器三侧、厂用电、无功补偿设备的全覆盖全采集;有条件的应接入厂用电和无功补偿设备	现场查看	无电能量计量应用,不得分;采集点覆盖率低于100%,每降低10个百分点,扣10%标准分;未实现电能量自动采集、存储和处理,扣50%标准分;未实现上网电量的自动统计计算,扣20%标准分	

序号	评价项目	标准分	评分标准	查证方法	评分方法	备注
7.2.3	安全校核类应用要求	8	支持日前、日内及实时发电计划、日检修计划和设备投退操作的静态安全校核、稳定计算校核、稳定裕度评估功能。静态安全校核具备基态潮流分析、静态安全分析、灵敏度计算功能。具备全网联合校核功能	现场查看	无日前发电计划和检修计划的静态安全校核功能，不得分；静态安全校核子功能每缺少一项，扣5%标准分；其他功能任一项不具备，扣10%标准分；不具备全网联合校核功能，扣20%标准分	
7.2.4	调度管理类应用要求	23				
7.2.4.1	基础数据管理功能	2	具备组织机构管理，人员信息管理，厂站数据管理，一、二次设备数据管理，调度主站设备管理，文档资料管理等功能	现场查看	不具备基础数据管理功能，不得分；每缺少一项子功能，扣20%标准分	
7.2.4.2	设备运行管理功能	2	具备设备参数管理、基建项目调度工作管理、设备退役管理、设备状态管理、定值单管理、设备缺陷管理、继电保护/安全自动装置动作统计评价等功能	现场查看	不具备设备运行管理功能，不得分；每缺少一项子功能，扣20%标准分	
7.2.4.3	设备检修管理功能	2	具备一次设备检修计划编制、检修申请和审批、二次系统及设备检修申请和审批功能	现场查看	任何一项功能不具备，不得分	
7.2.4.4	电网运行管理功能	2	具备操作票管理、应急预案管理、事故报告管理、稳定限额管理、安控策略管理、拉限电管理、调度安全管理功能	现场查看	不具备电网运行管理功能，不得分；每缺少一项子功能，扣20%标准分	

序号	评价项目	标准分	评分标准	查证方法	评分方法	备注
7.2.4.5	运行值班管理功能	2	具备调度日志、监控日志、水调及新能源日志、自动化运行日志功能	现场查看	不具备任何一项，不得分	
7.2.4.6	专业管理功能	2	按照各专业需求，为各专业管理提供可靠的技术支持，具备专业管理报表、标准/规程/规范管理和知识管理等功能	现场查看	不具备专业管理功能，不得分；每缺少一项子功能，扣20%标准分	
7.2.4.7	信息展示与发布	2	具备电网运行信息、生产统计信息、调度系统动态、专业管理信息的展示与发布，新闻公告管理和信息发布管理等功能	现场查看	不具备信息展示与发布功能，不得分；每缺少一项子功能，扣20%标准分	
7.2.4.8	内部综合管理功能	2	具备工程项目管理、工作计划管理等功能	现场查看	不具备内部综合管理功能，不得分；每缺少一项子功能，扣20%标准分	
7.2.4.9	流程管理功能	2	按照各专业需求，为各业务流程处理功能提供可靠的技术支持。新设备启动调度管理流程、日前停电计划审批流程、日前电能平衡计划管理流程、继电保护定值整定流程、自动化设备检修流程、技术支持系统使用问题反馈处置流程、调度倒闸操作流程等核心业务流程上线流转	现场查看	不具备流程管理功能，不得分；国调中心统一制定的核心业务流程，任何一个未上线或不能正常流转审批，不得分	
7.2.4.10	省、地、县一体化	3	省、地、县三级调度管理应用统一平台，实现上下级数据共享和业务协同、主要生产和管理流程上下贯通，实现同质化管理	现场查看，并调阅地、县调系统	未实现省、地、县三级调度管理应用统一平台不得分；未实现三级调度数据共享和业务协同不得分；主要生产和管理流程（如一/二次检修申请、继电保护定值整定等）每有一项未实现上下贯通，扣20%标准分	本项为重点评估项目。分中心不参与考评

序号	评价项目	标准分	评分标准	查证方法	评分方法	备注
7.2.4.11	与 PMS 互联	2	与 PMS 互联，实现电网设备数据共享和检修管理、缺陷管理等业务协同	现场查看系统和主要流程	未实现与 PMS 互联，不得分；未实现电网设备数据共享，扣 50%标准分；设备检修管理或缺陷管理等重要流程未实现协同，每有一项，扣 20%标准分	分中心不参与考评
7.3	基础保障能力	64				
7.3.1	主站系统平台要求	7				
7.3.1.1	调度自动化系统运行可靠性	3	调度自动化主站系统主要功能节点应采用冗余双机、双网卡、双电源配置；系统容量配置与利用率、CPU 负载应合理	现场查看	每发现一个主站系统主要功能节点采用单机、单网卡或单电源配置，扣 50%标准分；智能电网调度控制系统或 EMS 主机 CPU 负荷率在电力系统正常情况下任意 30min 内大于 40%，或在电力系统事故状态下任意 10s 内大于 60%，扣 40%标准分	本项为重点评估项目
7.3.1.2	调度自动化系统功能实用化	4	智能电网调度控制系统或 EMS 通过实用化验收	查看相关文件	未通过实用化验收，不得分	
7.3.2	备用调度系统	5	备用调度控制系统至少包括 SCADA、变电站集中监控，以及调度日志、重要生产流程、检修计划等基本调度管理功能，能够实现与主调系统的数据同步	查阅相关制度及资料，现场查看和测试	不具备备用调度控制系统，不得分；所列备用调度控制系统功能任一项不具备，扣 10%标准分；不能实现与主调系统同步，扣 20%标准分	本项为重点评估项目

序号	评价项目	标准分	评分标准	查证方法	评分方法	备注
7.3.3	通信通道要求	3	调度管辖范围内的发电厂和变电站的自动化设备至调度主站应具备调度数据网双平面通信;备用调度控制系统通信通道应独立配置,宜实现全业务备用	现场查看厂站监视画面	每有一个厂站不具有调度数据网双平面通信,扣10%标准分;备用调度控制系统通信通道非独立配置,扣50%标准分	本项为重点评估项目
7.3.4	调度数据网络要求	10				本项为重点评估项目
7.3.4.1	调度数据网骨干网	3	调度数据网骨干网一平面、二平面覆盖所有地级(不包括北京、西藏)及以上调度节点及省级备调系统所在地节点;地级及以上调控主站业务应接入骨干网双平面(不包括地级备调)	查看相应资料,抽查1~2个地调	调度数据网骨干网未全覆盖地级及以上调度节点及省级备调节点的,每少一个节点,扣10%标准分;地级及以上调控主站业务未同时接入骨干网双平面(不包括地级备调),每有一个业务,扣10%标准分	
7.3.4.2	网络结构	4	调度数据网整体网结构合理,网络地址规范,满足 $N-1$ 可靠性要求,各接入网分别两点接入骨干网双平面	查看相应资料,抽查1~2个地调,1~2个厂站	接入网结构不合理,或未实现两点接入骨干网双平面,每有一个扣20%标准分;接入网各节点应具备第二出口链路,以满足 $N-1$ 要求,每出现 1 个节点没有第二出口链路(故障除外),扣5%标准分	
7.3.4.3	网络管理	3	省级及以上调控机构应配置骨干网双平面和接入网网管系统,管理调度范围内的骨干网节点和各自的接入网;网管系统应能自动生成网络运行月报(包括节点可用率和通道可用率)	查看相应资料	省级及以上调控机构未配置骨干网网管系统或接入网网管系统,扣50%标准分;本级或下级调控机构网管系统不能自动生成网络运行月报,每有一个单位,扣20%标准分	

序号	评价项目	标准分	评分标准	查证方法	评分方法	备注
7.3.5	信息要求	8				
7.3.5.1	对远动信息覆盖面的要求	2	主站系统采集的远动数据应满足调度运行管理的需要。主要指调度范围内反映各发电厂和枢纽变电站的发电出力、母线电压、线路潮流及变压器支路潮流、开关状态(包括发电机组的AGC、一次调频投/退信号等)、电网频率等生产运行实时工况信息;对于网、省间联网的单位,还应包括互联相邻电网重要信息(如网间联络线潮流)	现场查看	调度范围内每缺少一个重要厂站远动信息,扣5%标准分;缺少互联相邻电网重要信息的,每处扣10%标准分	
7.3.5.2	调度自动化系统数据可靠性	3	系统采集数据应与现场一致。系统响应速度:调阅主要画面打开时间(从按键到显示完整画面时间)≤2s;远程调阅主要画面打开时间≤5s;直收厂站遥信变位至主站时间≤3s;现场遥测变化至主站时间≤4s	结合厂站检查进行现场测试或查验相关资料	系统采集数据与现场不一致,每一个厂站扣10%标准分。系统响应速度方面,每有一项指标不合格,扣40%标准分	本项为重点评估项目
7.3.5.3	调度自动化系统远动信息测试	3	结合一次设备检修,定期对调度范围内厂站远动信息进行测试。有关遥信传动试验应具有传动试验记录,遥测精度应满足相关规定要求	查看一次设备检修单、调试记录和运行日志	厂站未结合一次设备检修定期进行远动信息测试和遥信传动试验,每一个厂站扣10%标准分	
7.3.6	子站设备要求	12				
7.3.6.1	自动化设备的要求	3	电网内的远动装置、电能量终端、计算机监控系统及其测控单元、相量测量装置(PMU)、时间同步装置等自动化设备必须是通过具有国家级检测资质的质检机构检验合格的产品,设备现场运行稳定可靠。调度范围内的发电厂、220kV及以上变电站的自动化设备通信模块应冗余配置	至厂站现场检查	厂站自动化设备有不是检验合格的产品,每一个厂站扣20%标准分。发现设备运行不稳定,每一个厂站扣20%标准分。厂站自动化设备通信模块未冗余配置,每一个厂站扣10%标准分	

序号	评价项目	标准分	评分标准	查证方法	评分方法	备注
7.3.6.2	同步时钟	3	厂站内应配置统一的时间同步装置，主时钟采用双机冗余配置，以北斗二代及以上对时为主，GPS 对时为辅。厂站内各系统设备时间同步准确度应满足《电力系统时间同步及监测技术规范》要求	至厂站现场检查	厂站内未配置统一的时间同步装置，每一个厂站扣 50%标准分；主时钟未采用双机冗余配置，每一个厂站扣 10%标准分；时间同步装置不能同时接收北斗和 GPS 授时，每一个厂站扣 20%标准分；厂站内系统设备时间同步准确度不满足《电力系统的时间同步系统 第 1 部分：技术规范》要求，每发现一处，扣 5%标准分	
7.3.6.3	自动化设备的供电电源、防雷、接地	3	对于调度范围内发电厂、变电站远动装置、计算机监控系统及其测控单元、变送器等自动化设备的供电电源应配专用的不间断电源（UPS）或接入厂站一体化电源，相关设备应加装防雷（强）电击装置，同时应可靠接地。主要功能设备双机、双网、双电源配置	至厂站现场检查和查阅电源维护记录	厂站调度自动化设备未配备专用的双套 UPS 或并不是厂站内直流电源供电，每有一个厂站，扣 10%标准分；厂站调度自动化设备（RTU、数据处理及通信单元）与通信设备间没加装防雷（强）电击装置或未可靠接地，每一个厂站扣 10%标准分（备注：厂站调度自动化设备本身具备防雷电装置，或与通信设备处于同一房间且通信设备入口处已有防雷电装置，或两者之间采用非铠装光纤通信，则两者交界处不需额外加装）	本项为重点评估项目

序号	评价项目	标准分	评分标准	查证方法	评分方法	备注
7.3.6.4	调度自动化系统或设备与一次设备同步投运	3	按时完成设备投运前的系统联调。新建、改（扩）建工程，自动化系统和设备必须随一次设备同步投入运行。一次设备参数在设备投运前在调度自动化系统中应及时维护	查阅工程记录和系统运行日志	每一个厂站自动化系统或设备未随一次设备同步投入运行，不得分；未配合设备投运前联调，每发现一个厂站，扣20%标准分；一次设备参数在设备投运前未在自动化系统中及时维护或更新，每发现一处，扣20%标准分	
7.3.7	调度自动化主站系统设备运行环境	19				
7.3.7.1	对主站系统供电电源的要求	4	主站系统供电电源应配备专用的不间断电源装置（UPS），不应与信息系统、通信系统合用电源，采用UPS的空调设备和电子信息设备不应由同一组UPS系统供电。UPS的交流供电电源采用两路来自不同电源点的供电。用于电子信息设备的UPS电源应冗余配置，UPS单机负载率应不高于40%；UPS在交流电消失后，不间断供电维持时间应不小于2h。蓄电池进行定期核对性放电试验，确切掌握蓄电池的容量	现场查看和查阅UPS电源系统维护记录	不配备专用的UPS，本项不得分；UPS只采用一路交流供电线路供电，本项不得分；用于电子信息设备的UPS电源装置在交流电消失后，在满负荷情况下不间断供电维持时间小于2h，扣50%标准分。UPS单机负载率高于40%，扣50%标准分。UPS电源没有冗余配置，扣50%标准分。蓄电池未进行定期核对性放电试验，扣50%标准分	本项为重点评估项目

续表

序号	评价项目	标准分	评分标准	查证方法	评分方法	备注
7.3.7.2	对运行设备供电电源的要求	3	运行设备供电电源应采用分路独立开关供电；具备双电源模块的设备，两个电源模块应由不同电源供电；冗余配置的单电源设备应由不同的电源供电，非冗余配置的单电源设备应加装静态切换装置；提供运行设备或检测仪器（表）所用电源插座（板）应固定安装在符合安全的位置	现场查看	运行设备供电电源没有采用分路独立开关供电，扣50%标准分；具备双电源模块的设备，两个电源模块未通过不同电源供电，扣50%标准分；单电源设备未按要求供电，扣10%标准分；机房内电源插座（板）放置地板下或随意放置在地板上，扣50%标准分	
7.3.7.3	对主站系统设备安装的要求	2	主站系统设备安装应牢固可靠，运行设备应标有规范的<标志牌>；连接各运行设备间的动力/信号电缆（线）应整齐布线，电缆（线）两端应有标志牌	现场查看	设备安装不牢固可靠、运行设备没有标有规范的标志牌，扣50%标准分；动力/信号电缆（线）不整齐布线、电缆（线）两端没有标志牌，扣50%标准分	
7.3.7.4	对主站计算机系统接地的要求	2	主站计算机系统应有可靠的接地系统，接地电阻应符合设计规程要求，接地电阻应每年经专业测量单位测量一次。运行设备金属外壳应与接地系统牢固可靠连接。与通信设备连接的网络通信设备,应按通信设备接地要求接地	现场查看	计算机系统接地系统不可靠，本项不得分；接地电阻不符合设计规程要求（接地电阻不大于 0.5Ω），本项不得分；接地电阻超出一年未进行测量，扣20%标准分；运行设备金属外壳未与接地系统牢固可靠连接，本项不得分。与通信设备连接的网络通信设备未按通信设备接地要求接地，扣20%标准分	

序号	评价项目	标准分	评分标准	查证方法	评分方法	备注
7.3.7.5	对主站系统计算机机房的要求	2	调度控制系统所在机房环境及相应管理应满足信息安全等级保护四级的要求。主站系统计算机主机房应配置专用精密空调,每个区域至少应满足 $N+1$ 的冗余配置要求,温、湿度应满足设备运行规定的环境条件要求（机房温度为 18～24℃,湿度为 40%～70%）,机房应具有防静电设施	现场查看及核查设计资料	计算机机房温、湿度不满足设备运行规定的环境条件要求,本项不得分;主机房各区域不满足 $N+1$ 的冗余配置要求,扣 30% 标准分;机房没有防静电设施,本项不得分。未满足信息安全等级四级的要求,扣 50% 标准分	
7.3.7.6	对主站 UPS 电源和蓄电池室的要求	2	主站 UPS 电源和蓄电池室的温度应满足设备运行规定的环境要求,温度为 18～26ºC,蓄电池室应与主机房物理隔离且有换气设备,室内环境整洁,无运行设备以外的杂物	现场查看	室内温度不满足设备运行规定的温度要求,酌情扣 10%～100% 标准分;室内堆放杂物,影响整洁或影响设备安全运行的,酌情扣 10%～100% 标准分	
7.3.7.7	对主站系统计算机机房的消防要求	2	调度控制系统所在机房应设置火灾自动报警系统及自动灭火系统;配置气体灭火系统的主机房,应配置专用空气呼吸器或氧气呼吸器;机房内不得堆放易燃物,疏散门应向疏散方向开启,并应有明显的疏散指示标志;强、弱电线缆应分竖井布放,封堵对外孔洞,并分别实现双通道要求	现场查看	机房未设置火灾自动报警系统及自动灭火系统的,本项不得分;配置气体灭火系统的主机房,未配置专用空气呼吸器或氧气呼吸器,扣 20% 标准分;机房内堆放易燃物的,扣 50% 标准分;疏散门不能向疏散方向开启的,扣 50% 标准分;没有明显的疏散指示标志的,扣 50% 标准分;强、弱电线缆未分竖井布放并封堵孔洞的,本项不得分;强、弱电竖井未分别实现双通道要求的,扣 50% 标准分	

续表

序号	评价项目	标准分	评分标准	查证方法	评分方法	备注
7.3.7.8	主站系统计算机房的门禁和动环监控要求	2	主站系统计算机房部署生产控制大区的区域应配置两道电子门禁系统，其余区域应配置电子功能完善的门禁系统；计算机主机房、UPS室、蓄电池室应配置动力环境监控系统	现场查看	主站系统计算机房部署生产控制大区的区域未配置两道电子门禁系统，扣30%标准分；其余区域未配置电子功能完善的门禁系统，扣10%标准分；计算机主机房、UPS室、蓄电池室未配置动力环境监控系统，扣50%标准分	
7.4	运行维护管理	52				
7.4.1	调度自动化运行管理电子化	3	调度管理应用中实现自动化设备管理（包括各个主站系统、厂站设备台账等应用）、运行管理（运行日志、检修申请单、故障与缺陷处理流程、运行报表与指标统计等应用）等功能	查看相应资料	设备台账、运行日志、运行报表与指标统计等应用缺少一项应用或应用未正常使用，扣20%标准分；调度自动化运行管理任一项流程未实现电子化管理，扣25%标准分	
7.4.2	自动化系统和设备运行监测系统应用	2	自动化运行监测系统包括各个系统主站服务器软件（包括重要进程、应用告警信息等）、硬件（包括CPU负荷率、磁盘备用容量等）以及环境（包括机房温度、湿度、烟雾、防水、UPS电源等）在线监测和必需的声响告警装置和短信告警，任何告警有解决预案	现场查看并查阅相关技术资料	无自动化运行监测系统或功能不完善，不得分；现场测试，有一项功能有问题，扣50%标准分；告警解决预案不完整，扣50%标准分	本项为重点评估项目

序号	评价项目	标准分	评分标准	查证方法	评分方法	备注
7.4.3	调度自动化系统运行指标	3	1. 数据通信系统月可用率≥98%。 2. 子站设备月可用率≥99%。 3. 数据传输通道月可用率≥99%。 4. 数据网络通道月可用率≥99%。 5. 事故遥信年动作正确率≥99%。 6. 计算机系统月可用率≥99.9%。 7. 厂站遥测数据合格率≥99.5%	查阅有关运行日志和运行统计报表	任一项运行指标低于指标，扣30%标准分	
7.4.4	调度自动化系统运行管理	3	调度自动化主站系统不发生双主服务器全停；应有系统故障统计分析报告并提出相应解决措施	查阅有关运行日志和运行统计报表	每发生一次双主服务器全停但不超过30min，扣50%标准分；超过30min本项不得分；没有故障统计报告和解决措施，本项不得分；有报告但无措施，扣50%标准分	
7.4.5	自动化运行值班管理	3	应设置自动化运行值班人员，建立规范的自动化值班和交接班制度	现场查看，并查看相关规章制度	不设置自动化运行值班人员，不得分；没有自动化值班和交接班制度，扣50%标准分；制度不规范，扣20%标准分	
7.4.6	自动化值班日志	3	自动化值班日志应包括当值自动化检修和操作记录、主站自动化系统异常和事故情况、厂站自动化数据通信异常情况等，内容要真实、完整、清楚。自动化值班日志采用计算机管理，实现自动生成运行记录、统计查询功能	抽查自动化值班日志	自动化值班日志未实现电子化，不得分；值班日志内容不规范，扣50%标准分	本项为重点评估项目

序号	评价项目	标准分	评分标准	查证方法	评分方法	备注
7.4.7	调度自动化系统安全应急预案	3	制定和落实调度自动化系统应急预案和故障恢复措施,系统和数据应定期备份	查阅资料和备份的介质等	每缺少一个自动化系统(包括网络设备和安防设备)应急预案和故障恢复措施,扣30%标准分;应急预案每年没有进行预演,扣30%标准分;各个自动化系统没有系统和数据定期备份制度,不得分;发现一次没有落实执行定期备份制度的,扣20%标准分	
7.4.8	调度自动化系统设备检修管理	4	应有调度自动化系统、设备检修管理制度,应开展厂站自动化设备定检工作,定检范围包括测控装置、电能量终端、PMU、时间同步装置、调度数据网设备、安全防护设备等。自动化设备检修执行国调中心制定的"调度自动化系统、设备检修流程和标准操作程序(SOP)"	查阅有关制度、运行日志、OMS 中相关流程和记录	没有设备检修管理制度,本项不得分;未开展厂站自动化设备定检工作,扣50%标准分;定检范围有漏项,每缺少一项扣10%标准分;自动化系统设备检修未严格执行国调中心制定的"调度自动化系统、设备检修流程和标准操作程序(SOP)",本项不得分	
7.4.9	调度自动化系统设备缺陷管理	3	应有调度自动化系统、设备缺陷管理制度和管理流程,设备消缺应有完整规范的消缺记录	查阅有关制度、值班日志、OMS 中相关流程和记录	没有设备消缺管理制度或管理流程,本项不得分;没有设备消缺记录,本项不得分;有记录但不规范、不完整,扣 10%～50%标准分	本项为重点评估项目

序号	评价项目	标准分	评分标准	查证方法	评分方法	备注
7.4.10	调度自动化系统资料管理	3	主站系统设备的配套资料应与实际运行设备相符并建立规范的电子资料档案	查阅有关系统设备配套的图纸资料	没有主站系统设备配套的资料，本项不得分；有但不全或不相符，扣30%标准分；未建立规范的图纸资料档案，扣 30%标准分	
7.4.11	调度自动化系统对报警信息的管理	3	应具备关于异常、事故报警信息的处理措施	查看画面和打印记录	电网远动数据的越限、变位等异常、故障信息能在任一台工作站上正确提示（显示）并有事件记录，若系统存在严重遥信状态量假报警及乱打印（如某断路器连续断合而该路遥测值未变化），本项不得分；存在此现象但不严重，酌情扣分	本项为重点评估项目
7.4.12	调度自动化系统的稳定运行	3	调度自动化系统应安全稳定运行。不能由于调度自动化系统原因导致电网发生事故、扩大事故或影响、延误调度人员处理电网事故	查阅事故报告	延误事故处理一次，本项不得分；由于调度自动化系统原因使电网发生事故或扩大事故一次，本项不得分，且加扣100%标准分	
7.4.13	厂站自动化设备投产管理	3	制定有完备的一次设备投产自动化工作管理规定,建立相应的管理流程；新投产设备具有完整、规范的调试记录	现场查看相关制度、工作流程和记录	不具备一次设备投产自动化工作管理规定或相应流程，不得分；新投产设备调试记录不完整、不规范，每发现一次，扣 20%标准分	

序号	评价项目	标准分	评分标准	查证方法	评分方法	备注
7.4.14	厂站自动化设备运行监视管理	3	对于调度范围内发电厂、变电站自动化设备（RTU、厂站监控系统、电能量终端、PMU 等），主站应有监视和异常报警手段以及相应的处理措施	现场查看和测试	某类设备无监视、报警手段，本项扣 50%标准分；无处理措施，扣 50%标准分	
7.4.15	同步时钟监视	3	调度主站应具有全网时间同步装置在线监测管理功能，对上级调控主站和直调厂站监控系统的对时状态进行在线监测管理和异常告警；厂站监控系统具有站内自动化设备对时状态在线监测和异常告警功能，并能将重要告警上送至相关调控中心	现场查看	调度主站不具备全网时间同步装置在线监测管理功能，本项不得分；监测下级调控机构和直调厂站数量不全，覆盖率每降低 10 个百分点，扣 10%标准分。厂站监控系统不具备站内设备对时状态在线监测和异常告警功能，或不能将重要告警上送相关调控中心，每一个厂站扣 10%标准分	
7.4.16	外来维护、开发技术人员的行为管理	3	建立健全外来维护、开发技术人员的管理制度，规范他们的操作行为，保证调度自动化系统运行安全	查阅相关制度、运行维护记录和现场查看	无相关制度，扣 50%标准分；执行制度欠缺，扣 10%～60%标准分（如缺少外来人员进出机房记录）；因外来人员操作对自动化系统安全运行造成影响的，本项不得分	
7.4.17	自动化系统用户权限管理	2	应有用户或权限新增、变更管理流程 3 个月更新一次，密码应满足口令强度要求，不应有共用账号	查看流程，现场查看用户管理配置	无流程，扣 50%标准分；无更新记录，扣 50%标准分；弱口令，扣 30%标准分；I 区系统有共用账号，每出现一个，扣 20%标准分	

续表

序号	评价项目	标准分	评分标准	查证方法	评分方法	备注
7.4.18	备调自动化系统运行管理	2	校验主、备调技术支持系统的一致性、可用性、及时性	查看主备调系统，核查厂站数据	一致性、可用性、及时性任意指标不满足，扣30%标准分	
7.5	调度自动化专业管理	46				
7.5.1	专业管理规章制度	3	调度自动化系统运行维护管理部门应具有上级颁布和结合本单位实际制定的确保系统安全、稳定、可靠运行的管理规程、制度、规定、办法等，主要应有运行与维护岗位职责和工作标准、自动化系统运行管理、电力调度数据网管理、电力监控系统安全防护管理、备用调度自动化系统运行管理、安全管理、运行值班和交接班管理、机房管理等	查阅有关制度、考核、规定、办法等管理规程，现场检查实际执行情况	无制度、考核等管理规程、规定、办法，本项不得分；每缺少一项制度、考核、规定、办法、管理规程等，扣20%标准分；每有一项制度、考核、规定、办法、管理规程等未实际执行，扣20%标准分	
7.5.2	专业管理评价及实施	3	制订专业管理评价办法；每月发布专业管理评价情况	查阅专业管理评价办法等相关文件，查阅专业管理月报等记录	未制订专业管理评价办法的，扣50%标准分；未定期发布专业管理评价情况的，每次扣20%标准分	
7.5.3	厂站自动化管理	3	地调自动化专业与地市公司检修公司自动化运维部门、营销（计量）部门之间工作界面和职责分工清晰，管理制度和工作流程完善	查看相关文件、地市公司相关制度和工作流程记录	工作界面或职责分工不清晰，扣50%标准分；管理制度和工作流程不完善，扣50%标准分	分中心不参与考评

序号	评价项目	标准分	评分标准	查证方法	评分方法	备注
7.5.4	自动化设备运行分析评价	3	建立本网自动化系统和设备的台账；按要求开展行自动化系统和设备定期分析评价和专题分析评价	现场查看，查阅相关报告	未建立本网自动化系统和设备台账的，扣50%标准分；未按要求开展自动化系统和设备定期分析评价和专题分析评价的，扣50%标准分；年度分析评价报告未按时报送上级调控机构的，每发现一次，扣20%标准分	本项为重点评估项目
7.5.5	下级调控自动化系统实用化复查	3	本电网内地区调度自动化系统应用情况在4年内至少进行一次实用化复查，同时推动母线负荷预测等高级应用功能的普及应用	现场调查	3年内对本电网内全部地区调度自动化系统应用情况没有进行实用化复查，本项不得分；每有一个地调没有进行实用化复查，扣10%标准分。下属调控机构通过高级应用软件验收比例50%～100%间，每低10%，扣10%标准分	分中心不查评
7.5.6	定期进行安全检查	3	定期组织对下级调控和直调厂站进行自动化专项安全检查和隐患排查	查阅相关文件和检查记录	未定期开展专项安全检查，不得分；检查内容或记录不完整、不规范，每发现一次，扣20%标准分	
7.5.7	定期召开专业会议	2	每年召开调度管辖范围内的专业会，时间间隔不超过两年	查看相关会议文件	未按每年周期召开专业会的，每出现一次，扣30%标准分	

续表

序号	评价项目	标准分	评分标准	查证方法	评分方法	备注
7.5.8	调度自动化专业规划的编制及落实	2	参加编制电网规划调度自动化部分；按规划落实自动化系统的建设	查看二次系统规划调度自动化部分	未参加电网规划调度自动化部分编制的，扣50%标准分；未按规划进行自动化系统建设的，每项扣10%标准分	
7.5.9	项目管理	3	建立自动化项目管理制度，明确相关专业职责及项目管理流程；自动化应负责审核应用功能改造技术方案，负责审批应用功能上线申请	查阅资料	未制订项目管理制度的，扣50%标准分；未明确自动化专业审核技术方案、审批上线申请职责的，扣30%标准分；未办理项目技术方案审核或上线运行流程审批的，每项扣20%标准分	
7.5.10	验收管理与技术监督要求	15				
7.5.10.1	对基建、改（扩）建工程项目的管理	3	对于调度管辖的厂站基建、改（扩）建工程，应参加工程前期方案审查并及时将意见上报；参加自动化子站设备招标技术规范书审查	查阅工程记录，抽查设备验收报告	自检查之日起回溯18个月时间内，每有一次未参加工程前期审查，扣20%标准分；参加但未将意见及时上报，扣20%标准分。每有一次未参加自动化子站设备招标技术规范书审查，扣20%标准分	本项为重点评估项目
7.5.10.2	主站系统运行维护与软件升级管理	3	对一次系统变更涉及的图形、数据库修改应以正式通知为准；对系统进行新增功能、软件升级等重大修改，应经过技术论证，提出书面改进方案待批准后实施	查阅资料	对一次系统变更涉及的图形、数据库修改应以正式通知为准，没通知的，每发现一起，扣20%标准分；未办理项目技术方案审核或上线运行流程审批的，每发现一起，扣50%标准分	

序号	评价项目	标准分	评分标准	查证方法	评分方法	备注
7.5.10.3	子站自动化设备资料管理	3	设备配套的图纸资料(专用检验规程、安装图、原理图、现场调试及测试记录、设备故障及处理记录、电缆清册、安装调试报告、二次回路接线图等)应与实际运行设备相符,并建立规范的图纸资料档案	至现场查阅有关设备配套的图纸资料	没有设备配套的图纸资料,本项不得分;有但不全或不相符(特别是信息表等),扣30%标准分;未建立规范的图纸资料档案,扣30%标准分	
7.5.10.4	自动化厂站设备现场验收的技术监督和联合调试	3	制定直调厂站自动化设备验收管理规范或办法;参加厂站自动化设备现场验收和开展与主站系统的联合调试	查阅出厂验收和现场验收各类资料	无厂站自动化设备验收管理规范及办法,扣50%标准分。自检查之日起回溯18个月时间内,未参加厂站自动化设备验收或无验收报告的,每一次扣20%标准分;送电前未完成厂站自动化设备联合调试的,每一次扣30%标准分	
7.5.10.5	交流采样装置运行管理	3	交流采样装置周期检验宜结合一次设备检修进行,规定条件下,交流采样误差不超过等级指数规定的误差极限	至现场进行抽查或查阅相关技术资料	未开展交流采样装置检验工作,不得分;未结合一次设备检修同步开展进行交流采样装置检验工作,且超出检修周期半年以上,每发现一起,扣20标准分;每发现一起交流采样误差超过等级指数规定的误差极限,扣20%标准分;检验过程不完整或记录不规范,每发现一起,扣10标准分	本项为重点评估项目

序号	评价项目	标准分	评分标准	查证方法	评分方法	备注
7.5.11	人员要求及专业培训	6				
7.5.11.1	调度自动化专业人员配备合理，满足系统正常运行维护要求，岗位、职责明确	2	人员配置合理，分工明确，制定调度自动化主站专业人员各自的岗位职责规范，关键岗位专业技术人员应主备配置，系统出现问题应能及时得到处理和解决	查阅岗位设置和人员分工情况，现场抽查专业人员履行岗位职责的情况和履行能力	人员配备不合理，扣50%标准分；岗位、职责不清晰，扣50%标准分；关键岗位专业技术人员未主备配置，扣50%标准分；未制定人员岗位职责规范，扣50%标准分；岗位职责履行欠缺，酌情扣10%～40%标准分	本项为重点评估项目
7.5.11.2	对自动化专业人员的培训	2	对本调控机构的专业人员应有完善的年度培训计划并予以实施。建立完备的运行和维护题库	查阅培训与考试记录	对在线运行维护的每个自动化系统应建立题库（内容包括基础理论和运行规定、基本操作、故障排查和预案等），自动化专业人员应能完全掌握题库内容。无培训计划，或实施缺项，或题库不全，本项不得分	
7.5.11.3	对管辖范围内专业人员的培训	2	对管辖范围内的专业人员应有年度培训计划（包括组织各类学习班）并予以实施。建立完备的运行和维护题库	查阅培训记录与现场考试，在下一级调控机构抽50%自动化专业人员进行现场考试，试题在题库中选择，均应通过	下一级调控机构的每个自动化系统应建立题库（内容包括基础理论和运行规定、基本操作、故障排查等），自动化专业人员应能完全掌握题库内容。无培训计划，或实施缺项，或题库不全，本项不得分	

序号	评价项目	标准分	评分标准	查证方法	评分方法	备注
7.6	从专业管理角度，专家组针对被评价公司专业现状提出建议		根据电网运行和自动化管理中暴露的突出问题，提出加强系统建设、提高技术支持水平、改进运行管理等方面的建议		本项不计算分值，以建议形式提出	可以从广泛的角度进行论述
8	**电力通信**	**290**				
8.1	上级调控部门专业管理评估	20				结合考核期内参与考核的数据及各项工作完成情况进行评分
8.1.1	信息、资料	10	按上级调控机构要求报送相关信息、资料，且报送及时、正确	上级调控部门评估	一次报送不及时，扣10%标准分；一个数据不正确，扣5%标准分	
8.1.2	上级调控部署的重点工作落实情况	10	按照要求落实上级调控部门布置的专业管理工作及重点工作内容	上级调控部门评估	有一项工作没有及时落实，扣20%标准分；有一项工作落实效果没有达到预期目的，扣20%标准分	
8.2	安全管理	45				
8.2.1	岗位设置和职责	5	省级以上调控机构、省信通公司通信管理的组织机构、岗位配置齐全，明确岗位职责，重要岗位实行主、副岗备用制度；应设置通信安全专（兼）职岗位，负责通信安全整体工作的协调和落实	查阅设置岗位相关文件	组织机构、岗位配置不齐全，扣2分。未实行主、副岗备用制度，扣1分。未设置安全专（兼）职岗位，扣2分	
8.2.2	规章制度	8	上级调控机构发布的通信系统建设、运维、检修、资源、安全、应急等管理制度应齐全完备。自行编制的通信系统建设、运维、检修、资源、安全、应急等管理细则应齐全完备	查阅相关规程制度及清单	规章制度不完整，每缺少一项，扣2分	

序号	评价项目	标准分	评分标准	查证方法	评分方法	备注
8.2.3	安全生产分析	4	地市级以上调控机构每月至少召开一次安全生产分析会、重大安全生产事故或重要工作需要召开的会议，及时研究解决安全生产中存在的问题，会议记录齐全	查阅会议资料	上述应召开的安全会议，每缺一次，扣1分。会议流于形式或记录不齐全，扣1分	
8.2.4	运维流程	4	对日常运维操作制定标准化的运维流程和操作规程，实现运行维护人员的标准化作业	查阅通信系统操作规程及相关运维工单，工作人员操作需严格执行操作流程	未制定日常管理操作运维流程和操作规程，扣4分。执行不规范，每发现一次，扣0.5分	
8.2.5	安全学习	4	对有关安全文件、事故快报、事故通报，应及时组织学习。结合实际情况予以转发，提出具体工作要求	查阅资料	未及时组织学习、吸取教训、应该转发未转发的，每发现一项，扣1分	
8.2.6	安全检查	4	在安全大检查、专业性安全检查中，应利用安全检查表或安全评价表开展检查工作	查阅资料	未开展安全检查，本项不得分	
8.2.7	通信安全隐患管理	4	将排查出的通信安全隐患及时纳入隐患库，提出具体整改措施并组织落实	检查通信安全隐患库记录	未建立隐患库，不得分。无整改措施及计划，每条扣1分。未按计划整改，每条扣1分	
8.2.8	信息安全和保密承诺书签署、执行情况	2	全体通信员工签署信息安全和保密承诺书	查阅信息安全和保密承诺书；现场抽查访谈，了解信息安全和保密承诺书的签署落实情况	每发现一位通信员工未签订信息安全承诺书和保密承诺书，扣0.5分	
8.2.9	外来工作人员安全管理	2	外来工作人员应经过安全知识教育，考试合格并签订保密协议后，方可参加指定工作	查阅资料	每发现一人不符合要求者，扣0.5分	

序号	评价项目	标准分	评分标准	查证方法	评分方法	备注
8.2.10	施工现场安全管控	4	现场施工应使用工作票,动火作业应使用动火工作票;项目建设、施工、监理等责任单位管理职责需明确,建设单位需按规定与施工、监理单位签订承包合同和安全协议,通信检修"三措一案"应齐全并按照规定办理审批手续	查阅相关资料和文件	每发现一处不符合要求,扣0.5分(检查近一年内工作票)	
8.2.11	工作票要求	4	检修操作过程要按照《国家电网公司电力安全工作规程(电力通信部分)(试行)》严格执行,并保证填写规范	查阅近1年的工作票	无工作票工作,扣4分。工作票填写不规范,每发现一处,扣0.5分	
8.3	业务保障能力	40				
8.3.1	220kV及以上线路保护、安控通道	8	同一条220kV及以上线路的两套继电保护和同一系统的主/备两套安全自动装置传输通道应满足"三双"(双设备、双路由、双电源)要求	抽查220kV及以上线路保护、安控通信方式	不完全满足"三双"要求的,每一处扣2分	
8.3.2	自动化业务通道	8	220kV及以上站点自动化业务需满足双点接入,并满足双路由要求。自动化数据网一、二平面通道应满足自动化专业组网要求	检查自动化业务通信方式及相关资料	220kV及以上站点不满足双点接入,不满足双路由的,每发现一个站点,扣2分。自动化数据网一、二平面通道不满足自动化专业组网要求,每一处,扣2分	
8.3.3	调控电话业务通道	8	调控电话应覆盖各级调控节点,调度交换网汇接点间互联中继电路应满足主备独立路由要求,第二汇接点应具备独立所有调度节点进行呼叫的能力	检查调度交换组网拓扑图、联网通道路由方式、调控电话号码表等资料	汇接点间联网通道路由不符合要求,扣0.5分。第二汇接点不具备独立所有调度节点进行呼叫的能力,每少一个扣0.5分。相关资料未及时更新或不准确,每一处扣0.5分	

序号	评价项目	标准分	评分标准	查证方法	评分方法	备注
8.3.4	调度录音	8	录音系统运行正常,录音数据按期备份,调度录音系统服务器应保持时间同步。录音系统应接入 UPS 电源。录音数据应至少保存半年以上	现场检查与测试	调控电话呼入、呼出不能录音,扣 8 分,部分录音,扣 4 分。录音数据未按月备份,扣 2 分。录音系统时间不准确,扣 2 分。录音系统未接入 UPS 电源,扣 2 分。录音数据保存时间不足,扣 1 分	
8.3.5	调度大楼通道路由	8	电网调控机构与其调度管辖的下一级调控机构、省级及以上调度管辖范围内的发电厂（含重要新能源厂站）、通信枢纽站应具备两条及以上完全独立的光缆敷设沟道（竖井）。同一方向的多条光缆或同一传输系统不同方向的多条光缆应避免同路由敷设进入通信机房和主控室。省级及以上调度大楼应具备 3 条及以上完全独立的光缆通道,省级备用调度、地（市）级调度大楼应具备两条及以上完全独立的光缆通道。避免与一次动力电缆同沟（架）布放,并完善防火阻燃和阻火分隔等安全措施,绑扎醒目的识别标识,如不具备条件,应采取电缆沟（竖井）内部隔离等措施进行有效隔离。新建通信站应在设计时与全站电缆沟、架统一规划,满足以上要求	检查通信方式。检查调度生产大楼及重要变电站光缆通道路由图。现场抽查	省级及以上调度大楼不具备三条完全独立的光缆通道;省级备用调度、地（市）级调度大楼不具备两条完全独立的光缆通道,扣 8 分。电网调控机构与其调度管辖的下一级调控机构、直调发电厂和重要风电场、重要变电所之间不具有两种及以上独立路由或不同通信方式的通道,扣 2 分。与一次动力电缆同沟（架）布放未采取隔离措施,每一处扣 0.5 分	

序号	评价项目	标准分	评分标准	查证方法	评分方法	备注
8.4	调控管理	15				
8.4.1	调度监控与值班管理	5	通信运行值班制度中应规定值班实行 7×24h 值班制度。值班日志记录全面，对值班期间的设备故障处理情况、调度命令、巡视记录和上级通知等应详细记录，并做好值班交接。及时对 TMS 告警进行处理	查阅相关值班规定和记录；检查 TMS 系统、通信网管、动力环境监控系统运行情况	无值班制度，扣 1 分。无值班安排、值班日志，扣 1 分。值班日志记录不全面，扣 1 分。未及时确认和定性告警，每发现一次，扣 1 分	
8.4.2	风险管理	5	建立有效的通信系统风险预警管理机制，根据通信设备（系统）运行情况，动态开展计划性、临时性和突发性的通信设备（系统）运行风险评估，风险预警的发布、承办和解除全过程管理	检查通信相关运行风险发布、评估、反馈记录	风险预警发布情况，出现应发未发的，每次扣 1 分。对上级部门及关联业务部门下发的风险预警单未反馈、缺失整改措施等内容的，每发现一处，扣 0.5 分	
8.4.3	缺陷管理	5	应按照有关规定要求定义系统缺陷等级。通过 TMS 系统及时下发缺陷单并按时完成缺陷处理并反馈。应及时组织相关运维单位，根据不同缺陷等级的时限要求，开展消缺工作。运维单位应在缺陷处置完成后 48h 内通过 TMS 上报缺陷报告	查阅 TMS 相关缺陷处理记录	未对缺陷定级或定级不准确，扣 1 分。未通过 TMS 下发缺陷单，每发现一处，扣 1 分。上级下发的缺陷单未及时反馈，每发现一处，扣 1 分。未按时完成消缺的，每发现一处，扣 1 分。未按时上报缺陷报告，每发现一处，扣 1 分	
8.5	检修管理	20				
8.5.1	检修计划	5	应按要求编制年度通信检修计划。应按要求编制月度通信检修计划。应严格按照通信检修计划完成通信检修工作	查阅 TMS 系统记录	未按时上报年度、月度检修计划的，每次扣 1 分。因自身原因导致月检修计划完成率未达到 100%的，每次扣 2 分	

续表

序号	评价项目	标准分	评分标准	查证方法	评分方法	备注
8.5.2	检修平衡	5	应建立与同级调度、保护、自动化等专业的协调机制。涉及调度生产业务的检修票需经过调度、保护、自动化等相关专业的会签，并在TMS中体现	查阅检修平衡会记录	未建立协调沟通机制的，本项不得分。应会签而没会签的检修票，每发现一项，扣2分	
8.5.3	检修申请与审批	5	通信检修应按要求（时间、内容）履行申请审批手续。按照要求规范提报检修票，确保检修票无上级回退的情况发生	查阅检修的申请与审批相关文件和资料	未按要求履行检修申请与审批，扣2分。检修票回退的情况，每发现一次，扣1分	
8.5.4	检修开竣工	5	严格按照检修开竣工要求逐级申请开工、竣工，需要检修影响的最高一级通信调度确认开工、竣工具备的条件后，方可下令开工、竣工。需下发风险预警的通信检修应完成风险预警闭环流程	查阅检修开、竣工相关文件和资料	未按要求履行检修开工或竣工流程的，每发现一次，扣1分。未下发或未按要求下发风险预警的，每发现一次，扣1分	
8.6	方式管理	20				
8.6.1	年度运行方式	4	按要求编制年度运行方式	检查年度运行方式资料	未编制年度运行方式，扣4分。未严格按照模板进行编制或内容存在缺失的情况，每发现一处，扣1分	
8.6.2	日常方式管理	4	规范开展日常方式管理工作，所有通信业务在TMS系统中应有对应方式单	检查专业网管与TMS系统方式单	通信业务在TMS系统中无对应方式单，每发现一条，扣1分	
8.6.3	方式执行一致性	4	方式单、网管数据和现场接线应保持一致	检查专业网管、TMS系统方式单与现场接线	方式单、网管数据和现场接线不一致，每发现一条，扣1分	

序号	评价项目	标准分	评分标准	查证方法	评分方法	备注
8.6.4	方式安排合理性	4	通信方式应根据网络变化情况及时进行调整优化，确保方式安排最优	检查 TMS 方式单	抽查 20 个方式单，每发现一条不合理，扣 1 分	
8.6.5	资源管理	4	及时更新 TMS 系统各类数据，确保物理空间、设备台账、光路、配线等资源信息与实际一致	检查 TMS 系统，检查现场	TMS 系统数据不完整、不准确，每发现一处，扣 0.5 分	
8.7	应急管理	20				
8.7.1	应急预案及处置方案	4	处置方案的覆盖范围：通信光缆、通信光传输系统、调度交换系统、行政交换系统、数据通信网、通信电源、应急通信系统等在运通信设备。应急预案应每 3 年至少组织一次修订和评审，采取会议评审形式，评审意见应形成书面意见并存档。应急预案经评审、修改，符合要求后，由本单位主要负责人（或分管领导）签署发布	查阅应急预案相关文件和资料	现场处置方案覆盖范围不全，每少一项，扣 1 分。未按期开展应急预案修订、评审，扣 1 分。应急预案的评审未形成书面意见并归档，扣 1 分。应急预案未由本单位主要负责人签署发布，扣 1 分	
8.7.2	应急演练和培训	4	应制定年度应急预案演练计划和培训计划。专项应急预案演练每年至少组织一次，现场处置方案演练每年至少组织两次。在开展应急预案演练前，应制定演练方案，明确演练目的、范围、步骤和保障措施等。应急预案演练结束后，应当对演练进行评估总结，对相关应急预案提出修订意见。留存书面记录	查阅相关资料和文件	未制定应急演练计划，扣 1 分。未开展应急演练，扣 3 分。应急演练开展不规范，每发现 1 次，扣 1 分。应急演练结束后未进行评估总结，缺少书面记录，扣 1 分	

序号	评价项目	标准分	评分标准	查证方法	评分方法	备注
8.7.3	应急处置	4	根据应急预案，按照"先生产业务，后其他业务；先上级业务，后下级业务；先隔离，后处置；先抢通，后修复"的原则组织开展应急处置。应急事件发生后，按照事件等级逐级汇报，汇报信息应及时、准确、完整。任何单位和个人对事故不得迟报、漏报、谎报或者瞒报。故障处置完毕后，应在48h以内以书面形式上报故障即时报告	检查抢修记录及报告，对紧急抢修处理的时长及效果进行评估；查阅相关资料和文件	查询应急事件处置记录，存在事故发生后未逐级上报，谎报或瞒报，扣4分。查询事件报告，存在信息报送不规范，迟报或漏报，扣2分	
8.7.4	应急保障能力	3	应具备必要的应急车辆、备品备件、工器具。各级调控机构应配备应急通信系统，并设专人负责维护管理，定期开展维护、测试和演练，确保系统完好	查阅应急车辆、备品备件、工器具等相关台账资料。查阅应急通信系统相关台账资料和维护、测试和演练记录	不具备应急车辆，扣1分。不具备应急备品备件，扣0.5分；不具备应急工器具，每项扣0.5分。未配备应急通信系统、应急电源系统，扣1分。未定期维护、测试和演练，每发现一次，扣0.5分。现场抽查发现使用存在问题，扣0.5分。未按照要求设置维护专责人，扣0.5分	
8.7.5	事故调查	3	应根据事故等级的不同组织调查，并按要求填写事故调查报告；应根据事故发生、扩大的原因和责任分析，提出防止同类事故发生、扩大的组织（管理）措施和技术措施。事故调查报告由事故调查的组织单位以文件形式在事故发生后的30日内报送。特殊情况下，经上级管理单位同意可延至60日。事故调查结束后，事故调查的组织单位应将有关资料归档，资料必须完整	查阅相关调查报告书等资料	未开展事故调查，扣3分。事故调查原因和责任分析不透彻，未提出防止同类事故发生、扩大的组织（管理）措施和技术措施，扣2分。未按要求填写事故调查报告书，扣1分。事故调查报告书报送不及时，扣0.5分。事故调查资料不完整，扣0.5分；事故调查资料未归档，扣0.5分	

序号	评价项目	标准分	评分标准	查证方法	评分方法	备注
8.7.6	应急评估	2	应对突发事件的起因、性质、影响、经验教训和恢复重建等问题进行调查评估，同时，及时收集各类数据，开展事件处置过程的分析和评估，提出防范和改进措施	查阅分析和评估等资料	事后未开展应急分析、评估工作，扣 2 分。分析评估报告不全面、数据缺失，扣 1 分。分析评估报告未提出防范和改进措施，扣 1 分	
8.8	运维管理	35				
8.8.1	巡视管理	3	每日对有人值守通信站进行两次现场巡视，特殊时期应每 4h 巡视一次，确认设备、电源和空调等运行状态良好，机房温湿度符合要求	查阅相关巡检及测试记录	无通信系统巡视记录，扣 2 分；巡视周期达不到规范要求或记录不全，扣 1 分	
8.8.2	光缆纤芯测试	3	每年至少一次对光缆进行检查测试，备用纤芯测试记录应完整	检查现场记录	未定期开展光缆测试，本项不得分。备用纤芯测试记录不完整，扣 1 分	
8.8.3	蓄电池保养维护	5	定期测试蓄电池单体电压、组电压。检查蓄电池外观是否完好，是否有漏液、变形、污损、腐蚀等现象	检查现场记录	未定期开展蓄电池体电压、组电压测试，本项不得分；测试记录不全，扣 1 分。蓄电池外观检查维护不到位，每发现一处，扣 1 分	
8.8.4	清扫除尘	3	检查设备防尘滤网、风扇有无积尘，是否保持设备散热良好	检查检修记录	未定期开展清扫除尘工作或设备积尘严重者，本项不得分	
8.8.5	数据备份	3	定期对传输网管、调度交换网管、TMS 系统等网管系统的数据进行备份，并且保存至外部存储介质	检查备份数据	未定期开展备份，本项不得分；未使用外部存储介质存储，扣 1 分	

序号	评价项目	标准分	评分标准	查证方法	评分方法	备注
8.8.6	基础维护	6	设备及缆线标识标签应规范、准确、清晰和牢固。继电保护、安控等重要生产业务的通信线缆和接线端子应采用警示色明显区分标识。机房各类线缆应布放整齐、排列有序、分类绑扎，尾纤弯曲半径应满足要求。机柜防火封堵应良好	现场检查	抽查业务端口及其对应线缆标签不少于20组，存在标签缺失或不准确，视情况扣0.5～4分。线缆混乱、封堵不良，视情况扣0.5～2分	
8.8.7	运维资料	6	以下基本运行资料齐全，并符合运行实际要求： 1. 交、直流电源供电示意图、接地系统图、业务电路和光缆路由图、系统网络拓扑结构图。 2. 日常运行记录、配线资料、纤芯测试记录、蓄电池充放电测试记录、接地电阻测试记录以及运行故障和缺陷处理记录。 3. 设备台账资料、仪器仪表、备品备件、工器具保管使用记录	检查运行资料的完整性、准确性和及时更新情况	基本运行资料不完整、不准确或缺失，每发现一项，扣0.5分。资料未及时更新，每发现一处，扣0.5分	
8.8.8	仪器仪表	3	配备必要的测试仪器、仪表和安全工器具。仪器、仪表和安全工器具应按要求整齐存放，并具备完善的标识。仪器、仪表和安全工器具应定期检验合格	检查通信测试仪器仪表和安全工器的配置和管理情况。检查仪器仪表和安全工器具的校验记录	未配备必要的测试仪器、仪表和安全工器，每发现一处，扣1分。仪器、仪表和安全工器未按要求整齐存放或无标识，每发现一处，扣0.5分；仪器、仪表和安全工器具未进行定期校验合格，每发现一处，扣0.5分	

序号	评价项目	标准分	评分标准	查证方法	评分方法	备注
8.8.9	备品备件	3	制定通信设备备品、备件管理制度。备品、备件应满足生产需要，并实现信息化管理。备品、备件应按要求整齐存放，并具备完善的标识	检查通信设备备品、备件的配置和管理制度。检查设备备品、备件实际存放和标识等	无备品备件管理制度，本项不得分。未在 TMS 实现备件管理，扣 2 分。备品、备件存放不符合要求，扣 1 分；备品、备件标识不清，每处扣 1 分	
8.9	通信系统及设备	40				
8.9.1	通信主干传输网结构	5	传输网络结构应合理、层次清晰，骨干网应建成以光纤通道为主的环形网或网状网，应具备自愈功能。容量满足规划期内的业务需求。220kV 及以上站点与调控机构通信传输设备和电源设备应双重化配置	检查光缆及主干传输网络拓扑图	非环形或网状网，本项不得分；部分不是环型网或网状网，扣 3 分；容量不满足业务需求，扣 2 分；未按要求满足双设备、双电源配置，扣 2 分	
8.9.2	容灾和双汇聚能力	5	骨干网设立第二汇聚点。在第一汇聚点（主调）失效的情况下，第二汇聚点无需通过第一汇聚点仍可实现对各调度信息（数据、语音、通信设备状态信息等）的有效传输	检查光缆及骨干网络拓扑图	骨干网未设立第二汇聚点，扣 5 分；在第一汇聚点（主调）失效的情况下，第二汇聚点不能发挥应有作用，扣 5 分	
8.9.3	光传输设备	5	传输设备线路光功率在线测试结果符合设备指标要求。重要业务传输通道性能（15min 误码）在线测试符合运行要求。同步时钟方式运行正常。业务端口告警正常，运行资料齐全	检查光传输设备运行维护测试记录等相关资料和现场抽查	线路光功率测试结果不符合设备指标要求，每一处扣 1 分。重要业务传输通道性能（15min 误码）测试不符合要求，每一处扣 1 分。同步方式未配置或运行不正常，每一处扣 1 分。业务端口告警不正常或资料不齐全，每一处扣 1 分	

序号	评价项目	标准分	评分标准	查证方法	评分方法	备注
8.9.4	调度交换网及设备	5	各级调控机构调度交换系统应双机独立部署,主备系统符合容灾要求,切换功能正常。调度台配置和工况应满足安全生产要求,并接入UPS电源	现场检查,检查通信调度台的运行情况。抽查调度录音系统记录情况和音质情况	未双机独立部署,未配置主备系统或主备系统不符合容灾要求,扣3分。调度台配置不完备、工况不良,每项扣1分。调度台未接入UPS电源,每一处扣1分	
8.9.5	通信网管设备	5	网管设备应采用双机热备配置,双机系统应异地设置,符合容灾要求。网管系统安全分区方式及边界控制措施符合等级保护要求,每年开展一次网管等级保护测评。通信网管系统应有专人负责管理,应制定网管系统运行管理规定,并定期做好数据备份	现场检查,检查网管配置图。检查系统定级情况;查阅测评报告,测评报告出具单位应为经国家或行业认可的测评机构	网管设备未按双机热备配置,扣2分。网管设备双机热备,但未异地设置,扣1分。网管系统存在漏定级或未定级的情况,扣1分。未制定网管系统运行管理规定,扣1分。未定期备份数据,每少一项,扣1分	
8.9.6	通信同步时钟设备	5	同步时钟系统配置合理,并可靠运行。卫星天线和馈线固定牢固,无破损、进水、锈蚀、接触不良等情况。卫星信号与地面参考信号跟踪、切换正常。设备无异常告警	现场抽查检验	不具备同步时钟系统,扣5分。卫星天线和馈线固定不牢固,有破损、进水、锈蚀、接触不良等情况,扣2分。时钟信号跟踪、切换异常,有异常告警,每项扣2分	

序号	评价项目	标准分	评分标准	查证方法	评分方法	备注
8.9.7	通信光缆	5	管道光缆外护层应无损伤、无变形、不易受外力破坏等情况。光缆盘留整齐并绑扎牢固。隧道内光缆托架和托板完好。光缆走线排列应整齐、绑扎牢固、标识清晰。管道井和隧道内无积水、杂物和易燃易爆危险物品。如有与其他二次电缆走同一沟道，光缆应做好阻燃措施	现场抽查检验	管道光缆外护层有损伤和变形，每一处扣1分。光缆盘留不整齐或绑扎不牢固，每一处扣1分。隧道内光缆走线排列不整齐、绑扎不牢固、标识不清晰，每一处扣0.5分。管道井和隧道有积水、杂物，每一处扣0.5分。有易燃易爆危险物品，每一处扣2分。与其他二次电缆走同一沟道，光缆未做好阻燃措施，扣2分	
8.9.8	通信电缆	5	进入机房的通信电缆应首先接入保安配线架（箱），保安配线架（箱）性能、接地应良好；馈线引入通信机房应可靠接地	现场检查	有一处不符合要求，扣1分	
8.10	通信机房及电源设施	35				
8.10.1	通信电源	5	对各类通信电源系统和设备应定期进行检查，并做好记录。新安装的阀控蓄电池组，应进行全核对性试验，以后每隔两年进行一次核对性放电试验，运行年限超过4年的阀控蓄电池组，应每年进行一次核对性放电试验。电源供电系统图准确完整，与实际相符。供给机房的两路交流电源应由不同变电站或不同母线供电。蓄电池组提供的后备电源时间不得少于4h	抽查通信站通信设备供电系统图，检查电源设备及连接线的标识情况。抽查蓄电池维护记录，蓄电池充放电测试记录	无定期检查记录，每发现一处，扣2分。现场无供电系统图，每发现一处，扣1分。电源连接线无标识或错误，每发现一处，扣0.2分。蓄电池无维护记录，每发现一处，扣2分；无蓄电池充放电记录，发现每一处，扣1分；后备时间不满足要求，扣1分。供给机房的两路交流电源未通过不同变电站或不同母线供电，扣2分	

序号	评价项目	标准分	评分标准	查证方法	评分方法	备注
8.10.2	不间断电源	5	通信机房应采用不少于两路独立UPS供电；其他机房设备场所可根据具体情况，采用多台或单台UPS供电；UPS设备的负荷不得超过额定输出的70%。UPS提供的后备电源时间，通信机房不得少于2h，其他机房设备场所不得少于1h。定期进行蓄电池检查和充放电测试，及时处理发现的问题	实地检查机房UPS配置及运行情况和相关运维资料	通信机房少于两路UPS供电，每发现一处，扣2分；UPS设备的负荷超过额定输出70%，扣2分。通信机房提供的后备电源时间少于2h，每发现一处，扣2分；其他机房设备场所UPS提供的后备电源时间少于1h，每发现一处，扣1分。未定期进行蓄电池检查和充放电测试，扣2分	
8.10.3	物理访问控制	2	机房出入口设置电子门禁系统，出入机房要进行登记	实地检查机房门禁，并查阅机房出入记录和相关资料	机房出入口未设置电子门禁系统，每发现一处，扣1分。无机房出入登记记录，扣1分	
8.10.4	电磁防护	3	机房强、弱电井应独立设井，宜主备设置，当强、弱电不能独立设井时，需采用独立的封闭电缆槽（管）隔离。机房内电源线和通信线缆应隔离敷设，避免互相干扰	实地检查机房和相关资料，检查电源线和通信线缆敷设是否满足要求	强弱电未独立设井或未采用独立的封闭电缆槽（管）隔离，每发现一处，扣1分。机房电源线和通信线缆未隔离敷设，每发现一处，扣1分	

序号	评价项目	标准分	评分标准	查证方法	评分方法	备注
8.10.5	防雷接地	4	机房内所有设备的金属外壳、金属框架,各种电缆的金属外皮以及其他金属构件,应良好接地;通信设备的保护地线应符合防雷规程的规定。机房应有接地布放图、引入接地点对应外墙下应有"接地点引入"标识。配电屏或整流器入端三相对地应装有防雷装置,并且性能良好。机房防雷接地网、室内均压网、屏蔽网等施工材料、规格及施工工艺应符合要求;焊接点应进行防腐处理,接地系统隐蔽工程设计资料、记录及重点部位照片应齐全。每年雷雨季节前应对机房接地设施进行检查和维护,机房接地电阻应符合要求,应有定期测试报告	实地检查机房和相关资料、接地电阻测试报告,检查防雷接地装置是否满足要求	机房设备等未接地,每发现一处,扣 0.2 分。接地线截面积不合格或施工工艺不规范,每发现一处,扣 0.2 分。无机房接地线布放图、无接地点引入标识,每发现一处,扣 0.5 分。机房建筑未设置避雷装置,每发现一处,扣 0.5 分。机房未设置交流电源地线,每发现一处,扣 0.5 分。配电屏或整流器输入端三相对地未装防雷装置,每发现一处,扣 0.5 分。机房防雷接地网等隐蔽工程资料不合格,每发现一处,扣 0.2 分。接地电阻不符合要求,每发现一处,扣 0.5 分。无定期接地电阻测试报告,每发现一处,扣 0.5 分	

续表

序号	评价项目	标准分	评分标准	查证方法	评分方法	备注
8.10.6	防火	4	机房应设置自动灭火的气体消防系统或配备必要的手动灭火装置；灭火器等消防器材应合格，并有定期检查记录，位置清晰，方便使用。机房设置有烟感、温感等监测装置，能够自动检测火情并及时报警。机房门应采用防火材料，并确保机房门正常使用。设备底部应做好防火封堵措施	实地检查机房和相关资料，检查消防系统是否符合要求	机房未设置自动灭火的气体消防系统或未配备必要的手动灭火装置，每发现一处，扣1分。灭火器等消防器材不合格，每发现一处，扣1分。没有定期检查及记录，每发现一处，扣0.5分。未配置烟感、温感等监测装置，每发现一处，扣0.5分。机房门未使用防火材料或无法正常使用，每发现一处，扣0.5分。进出设备底部和机房的孔洞未封堵严密，每发现一处，扣0.5分	
8.10.7	防小动物	2	通信机房出入口应设置防鼠挡板，所有出机房的孔洞应封堵良好	实地检查机房防小动物措施是否到位	通信机房出入口防鼠挡板缺失，孔洞未封堵，每发现一处，扣1分	
8.10.8	防水和防潮	2	机房尽量避开水源，与机房无关的给排水管道不得穿过机房，与机房相关的给排水管道必须有可靠的防渗漏措施。应采取措施防止雨水通过机房窗户、屋顶和墙壁渗透。应采取措施防止机房内水蒸气结露和地下积水的转移与渗透	实地检查机房和相关资料，检查是否满足防水需要	与机房无关的给排水管道穿过机房，每发现一处，扣0.5分。与机房相关的给排水管道无可靠的防渗漏措施，每发现一处，扣0.5分。未采取措施防止雨水通过机房窗户、屋顶和墙壁渗透，每发现一处，扣0.5分。未采取措施防止机房内水蒸气结露和地下积水的转移与渗透，每发现一处，扣0.5分	

序号	评价项目	标准分	评分标准	查证方法	评分方法	备注
8.10.9	温湿度控制	2	机房应配置独立专用空调、温湿度计，机房温湿度应符合相关标准要求。机房应设置温湿度越限报警系统	现场检查	机房无独立专用空调，每发现一处，扣1分。机房无温湿度实时指示，每发现一处，扣0.5分。机房温湿度不符合要求，每发现一处，扣0.5分。无温湿度报警，每发现一处，扣0.5分	
8.10.10	照明	2	正常照明时，应该保证足够的亮度，保证运维人员能在机房内进行设备各类运维和操作的照明需要。机房各类设备区、运行值班区、相关楼道和过道应设事故照明，并保证正常照明失电时，能可靠使用。值班室应配置便携式应急照明灯，以备紧急状态下值班员随身携带使用	实地检查机房照明配置，并进行有效性检查	无正常照明，本项不得分；正常照明亮度不够或有损坏，每发现一处，扣0.5分。无事故照明，每发现一处，扣1分。不能可靠使用，每发现一处，扣0.5分。值班室未配置便携式应急照明灯，每发现一处，扣1分；应急照明灯失效，扣0.5分	
8.10.11	机房监控系统	4	中心机房、220kV及以上变电站通信机房温、湿度、烟感、水浸、通信电源交流输入电压、电流等动力环境信息应接入监控系统。视频监控范围应覆盖机房出入口、工作区等主要区域。通信动力环境和视频监控信息应接到通信调度或24h有人值班的地方	检查机房集中运行监控系统	机房无动力环境监测，扣2分；动力环境监测缺项，每发现一处，扣1分。无视频监控或视频监控覆盖不全，每发现一处，扣1分。通信动力环境和视频监控信息未接到通信调度或24h有人值班的地方，扣2分	

续表

序号	评价项目	标准分	评分标准	查证方法	评分方法	备注
9	**电力监控系统网络安全防护**	**225**				结合考核期内参与考核的数据及各项工作完成情况进行评分
9.1	上级调控部门专业管理评估	20				
9.1.1	信息、资料	10	按上级调控机构要求报送相关信息、资料，且报送及时、正确	上级调控部门评估	一次报送不及时，扣10%标准分；一个数据不正确，扣5%标准分	
9.1.2	上级调控部署的重点工作落实情况	10	按照要求落实上级调控部门布置的专业管理工作及重点工作任务	上级调控部门评估	有一项工作没有及时落实，扣20%标准分；有一项工作落实效果没有达到预期目的，扣20%标准分	
9.2	规划建设管理	20				
9.2.1	方案管理	6	在电力监控系统规划阶段，按照有关技术标准、规范、导则规定设计网络安全防护总体方案。在电力监控系统的设计阶段，开展电力监控系统网络安全防护方案设计，方案设计应满足电力监控系统安全防护总体方案要求	查阅资料，现场核实	无电力监控系统安全防护总体方案，不得分；电力监控系统安全防护总体方案设计不完整，扣30%标准分；新建、改造电力监控系统无网络安全方案设计的，不得分；方案设计不符合《电力监控系统安全防护规定》（国家发展和改革委2014年第14号令）、《电力监控系统安全防护总体方案》（国家能源局2015年36号文）等国家、行业相关技术要求的，扣50%标准分	

序号	评价项目	标准分	评分标准	查证方法	评分方法	备注
9.2.2	实施管理	8	在电力监控系统实施阶段,编制电力监控系统安全防护实施方案,并经相应网络安全管理部门和归口管理部门的审核批准后方可实施;在电力监控系统建设调试过程中,制定有效的管理和技术措施,保障电力监控系统网络安全	查阅资料,现场核实	无实施方案,扣30%标准分;实施方案未经审批,扣30%标准分;调试过程中不具备保障网络安全管理和技术措施的,扣30%标准分	
9.2.3	投运管理	6	电力监控系统投入运行前,制定运行维护管理规范,明确网络安全职责;系统、设备接入生产控制大区或安全Ⅲ区前,向相应网络安全管理部门提交系统接入方案和网络安全防护方案;电力监控系统新建或改造,委托专业测评机构开展上线检测和安全评估且通过	查阅资料,现场核实	无运行维护管理规范,扣30%标准分;接入生产控制大区或安全Ⅲ区系统、设备无接入方案和安全防护方案,扣30%标准分;系统新建投运时未开展上线检测和安全评估的,扣30%标准分;系统改造投运时未开展安全评估的,扣30%标准分	上线检测按正式发布的《网络安全等级保护条例》要求执行
9.3	技术保障能力	40				
9.3.1	安全检测与准入	4	接入电力监控系统生产控制大区中的安全产品,通过国家指定机构安全检测;接入电力监控系统生产控制大区中的软硬件,通过相关安全检测;禁止选用经国家相关管理部门检测认定并通报存在漏洞和风险的系统和设备	查阅产品合格证、检测证明	接入电力监控系统生产控制大区中的安全产品无国家指定机构安全检测证明的,每一项扣20%标准分;接入电力监控系统生产控制大区中的软硬件无安全检测证明的,每一项扣20%标准分;选用经国家相关管理部门检测认定并通报存在漏洞和风险的系统和设备的,本项不得分	

续表

序号	评价项目	标准分	评分标准	查证方法	评分方法	备注
9.3.2	安全分区	6	电力监控系统应部署于生产控制大区和管理信息大区中的调度管理信息区（安全区Ⅲ）。使用无线通信网或非电力调度数据网进行通信的，应当设立安全接入区	查阅资料，现场核实	核实电力监控系统业务拓扑图，未按照《电力监控系统安全防护总体方案》分区要求部署业务功能的，每一项扣20%标准分；使用无线通信网或非电力调度数据网进行通信，没有设立安全接入区的，不得分	本项为重点评估项目
9.3.3	横向隔离	6	生产控制大区与管理信息大区之间应设置经国家指定部门检测认证的电力专用横向单向安全隔离装置；生产控制大区内部的安全区之间应采用具有访问控制功能的设备、防火墙或者相当功能的设施，实现逻辑隔离	查阅资料，现场核实	未部署国家指定部门检测认证的电力专用横向单向安全隔离装置，此项不得分；生产控制大区内部的安全区之间未实现逻辑隔离，扣50%标准分	本项为重点评估项目
9.3.4	纵向认证	6	在生产控制大区与广域网的纵向连接处应设置经国家指定部门检测认证的电力专用纵向加密认证装置或者加密认证网关及相应设施，实现双向身份认证、数据加密和访问控制；有远方遥控功能的电力监控系统业务应采用加密、身份认证等技术进行安全防护，在进行远方控制操作时，应实现双因子身份鉴别	查阅资料，现场核实	未部署电力专用纵向加密认证装置或者加密认证网关及相应设施，本项不得分；具有远方遥控功能的电力监控系统业务未采用加密、身份认证等技术，或进行远方控制操作时未实现双因子认证的，本项不得分	本项为重点评估项目
9.3.5	安全加固	5	电力监控系统主机操作系统应进行安全加固。加固方式包括安全配置、安全补丁、采用专用软件强化操作系统访问控制能力以及配置安全的应用程序	查阅资料，现场核实	每发现一台未加固主机，扣10%标准分	

序号	评价项目	标准分	评分标准	查证方法	评分方法	备注
9.3.6	网络安全管理平台	8	完成网络安全管理平台部署,并具备安全监视、安全告警、安全分析、安全审计和安全核查功能	查阅资料,现场核实	网络安全管理平台未部署,不得分;网络安全管理平台应具备安全监视、安全告警、安全分析、安全审计和安全核查功能,每一项功能不完备,扣20%标准分	本项为重点评估项目
9.3.7	网络安全监测装置	5	电力监控系统中应部署网络安全监测装置,全面采集电力监控网络空间内主机设备、网络设备、数据库以及安防设备上的网络访问、设备接入、人员登录、设备操作和未知程序运行等信息	现场查看,资料核实	未按要求部署网络安全监测装置,每发现一处,扣5%标准分;网络安全监测装置未按要求实现相关信息接入,每发现一处,扣2%标准分	
9.4	运行维护管理	50				
9.4.1	网络安全运行值班机制建立情况	4	调控机构应建立网络安全运行值班机制,落实运行值班要求,明确值班人员、工作时间、监视内容、日志记录、交接班等工作要求	查阅运行值班制度建立及具体执行情况(如查阅值班制度、日志记录、交接班记录等)	无运行值班人员,不得分;未开展7×24h值班,不得分;未制定运行值班制度,扣30%标准分;运行值班制度不健全,扣20%标准分;监视内容、日志记录、交接班等运行值班工作记录不完善,每项扣10%标准分	

续表

序号	评价项目	标准分	评分标准	查证方法	评分方法	备注
9.4.2	网络安全告警处置及时性	6	网络安全紧急告警应被立即处理，重要告警应在24h内被处理，多次出现的一般告警应在48h内被处理。发生紧急告警后，相关运维单位应在3日内完成《网络安全紧急告警分析报告》报运行管理部门，并由运行管理部门报归口管理部门，归口管理部门向上级归口管理部门报送。报告内容应包含告警描述、原因分析、处理情况和后续防范措施等	查阅网络安全管理平台历史告警及处理记录或告警分析报告	自检查之日起回溯6个月时间，存在一次网络安全告警未及时处理，扣20%标准分；存在一次《网络安全紧急告警分析报告》未及时报送，扣10%标准分；存在一份《网络安全紧急告警分析报告》内容不全，扣10%标准分	
9.4.3	网络安全事件处置及时性	6	网络安全事件应被立即处置，一般网络安全事件，应在2h内报告归口管理部门，并由归口管理部门逐级上报至省级归口管理部门；较大网络安全事件，应在30min内报告归口管理部门，并由归口管理部门逐级上报至分部归口管理部门；重大、特别重大网络安全事件，应在15min内报告归口管理部门，并由归口管理部门逐级上报至总部归口管理部门。网络安全事件处置过程中，相关部门每日按要求报告事件处置进展；处置完毕后，应及时报告处置结果，并于处置完毕后1日内报送《网络安全事件分析报告》。报告内容应包含事件描述、原因分析、处理情况和后续防范措施等	查阅网络安全管理平台历史告警事件及事件分析报告	自检查之日起回溯6个月时间，存在一次网络安全事件未及时处理，扣50%标准分；存在一次《网络安全事件分析报告》未及时报送，扣20%标准分；存在一份《网络安全事件分析报告》内容不全，扣20%标准分	

序号	评价项目	标准分	评分标准	查证方法	评分方法	备注
9.4.4	安全防护设备策略配置合规性	4	横向隔离、纵向加密、防火墙等安全防护设备不应存在应配置不合规的情况	查阅网络安全管理平台内安全防护设备配置核查报表，登陆安防设备查看配置情况	纵向加密装置（卡）中存在应配置为加密隧道或策略但配置为明通模式的情况，本项不得分；纵向加密装置（卡）、防火墙存在未细化到IP地址和端口等安全策略不合规情况的，每项扣20%；隔离装置存在未细化到IP地址和端口、未做MAC地址绑定等安全策略不合规情况的，每项扣20%	
9.4.5	网络安全业务申请规范性	4	建立访问控制策略及数字证书的申请、审核、批准规范化管理机制；严格落实白名单，按照最小化防护要求申请及开通业务	检查网络安全关于访问控制策略规范化管理制度，检查机制建立及具体执行情况（如查阅申请单）	未制定网络安全业务管理制度，不得分；制度未能得到有效落实，扣20%标准分	
9.4.6	网络安全检修工作规范性	6	落实检修工作票制度，票内应落实工作对象、操作步骤、安全措施、操作用户等内容；外来工作人员工作记录应齐全；应配备专用调试设备并落实设备管理相关要求；应对厂家现场服务人员进行网络安全教育，签订安全承诺书，严格控制其工作范围和操作权限	查阅具体工作票、工作记录等	检修工作票制度未落实，扣20%标准分；自检查之日起回溯6个月时间，每存在一张不标准的检修工作票，扣除10%标准分；外来人员工作记录不完整，扣10%标准分；未配置专用调试工具，扣10%标准分；存在检修结束但调试设备仍接入网络的情况，扣10%标准分；未签订安全承诺书的，每发现一起，扣5%	

续表

序号	评价项目	标准分	评分标准	查证方法	评分方法	备注
9.4.7	用户权限配置合规性	4	操作系统应存在超级用户运行模式；应按最小化原则，严格分配和管理操作系统、关系数据库、业务系统中各类账号的权限，切断用户权限自动提升的各种途径	检查操作系统账号及权限，或查看加固工作记录	存在含超级用户运行情况，扣20%标准分；存在账号未按最小化严格分配或管理情况，扣30%标准分	
9.4.8	运维审计工作机制建立情况	4	建立运维审计工作机制，定期利用网络安全管理平台对运维检修工作开展事后安全审计工作，形成运维审计报告。电力监控系统网络运行状态、网络安全事件的日志记录应保存不少于6个月	查阅网络安全管理平台运维审计报表，查阅系统日志	未建立运维审计工作机制，不得分；未开展运行审计工作并形成运维审计报告，扣20%标准分；相关日志保存少于6个月的，扣50%标准分	
9.4.9	网络安全系统及设备在线情况	6	网络安全系统及设备在线率应保持在99.8%以上	查阅网络安全管理平台内月度统计报表及运行日志	自检查之日起回溯6个月时间，每一个月度运行指标低于指标值，则扣除1分	本项为重点评估项目
9.4.10	纵向密通水平情况	6	纵向密通水平应保持在99.5%以上	查阅网络安全管理平台内月度统计报表及运行日志	自检查之日起回溯6个月时间，每一个月度运行指标低于指标值，则扣除1分	
9.5	技术监督	20				
9.5.1	监督机制	5	将电力监控系统网络安全纳入专业技术监督评价体系，督促各网络安全管理部门落实管理范围内电力监控系统网络安全工作要求，并常态化开展技术监督工作	现场查看，资料核实	查阅技术监督评价体系，未将电力监控系统网络安全纳入技术监督评价体系，不得分；无技术监督工作计划，扣30%标准分	
9.5.2	闭环管理	5	对技术监督发现的缺陷、问题进行闭环管理	现场查看，资料核实	未对技术监督发现的问题闭环管理，每一项扣5%标准分	

序号	评价项目	标准分	评分标准	查证方法	评分方法	备注
9.5.3	并网电厂技术监督	10				
9.5.3.1	方案审查	3	应按照要求,开展并网电厂安全防护方案的审核工作	资料查阅,现场核实	没有发电厂电力监控系统网络安全防护方案,本项不得分;实施方案未审核的,每个电厂扣5%标准分	
9.5.3.2	验收管理	3	应按照要求,开展并网电厂方案实施后的验收工作	资料查阅,现场核实	未参加发电厂方案实施后的验收工作,每发现一处,扣5%标准分	
9.5.3.3	并网电厂运行	4	应按照要求,组织并网电厂落实电力监控系统网络安全运行管理要求	资料查阅,现场核实	未明确并网电厂运行管理要求,本项不得分	
9.6	安全检查、等级保护与安全评估	30				
9.6.1	安全检查	6	通过资料查阅、人员访谈、配置核查、扫描渗透等方式定期开展安全检查工作,检查内容应包括基础设施物理安全、体系结构安全、系统本体安全、全方位安全管理和安全应急措施等方面	资料查阅,现场核实	无年度安全检查计划(可结合春、秋安全检查计划),扣20%标准分;年内无安全检查记录,扣20%标准分;安全检查内容(基础设施物理安全、体系结构安全、系统本体安全、全方位安全管理和安全应急措施)覆盖不全面,每一方面扣10%标准分	
9.6.2	定级备案与等保测评	10	应按照国家及行业相关标准规范要求,开展电力监控系统等级保护定级、备案和测评工作	资料查阅,现场核实	无定级备案证明,不得分;未开展等级保护测评的,不得分;未按要求开展等级保护并出具等级保护报告的,扣50%标准分	

序号	评价项目	标准分	评分标准	查证方法	评分方法	备注
9.6.3	安全防护评估	6	应按照《电力监控系统安全防护评估规范》要求,在电力监控系统的建设改造、运行维护和废弃阶段开展安全防护评估工作	现场检查安全防护评估报告	未开展安全防护评估工作,不得分;建设改造、运行维护和废弃阶段未开展安全防护评估工作,每一项扣20%标准分	
9.6.4	闭环管理	8	应根据等级保护测评及安全评估结果制定相应整改计划,明确整改的目标、项目、进度和责任人	查阅资料、现场查看	未制定整改计划,扣20%标准分;未明确责任人,扣10%标准分;未在计划周期内完成整改,扣40%标准分	
9.7	应急机制	20				
9.7.1	应急机制建设	4	根据《国家电网公司电力监控系统网络安全事件应急工作规范》,明确各类应急机制,包括应急组织机构、应急响应、应急处置、信息报告等内容	查阅资料,现场查看	机制、办法不健全或未达要求的,扣50%标准分	
9.7.2	应急预案管理	6	按照《国家电网公司电力监控系统网络安全事件应急工作规范》,完善应急预案的评审、发布与修订程序	查阅资料,现场核实	预案编制不规范,每发现一处,扣10%标准分;预案未在上级调控备案的,扣20%标准分;未开展应急培训的,扣20%标准分;无应急演练记录的,扣30%标准分	
9.7.3	预警处置及响应	6	开展电力监控系统网络安全风险的监测与研判工作,对可能造成网络安全事件的,应发布网络安全预警,预警涉及单位应及时开展风险预警响应	查阅资料,现场核实	对上级调控发布的网络安全预警单,未闭环落实的,每次扣20%标准分;预警处置及响应滞后,造成网络安全事件的,本项不得分	

续表

序号	评价项目	标准分	评分标准	查证方法	评分方法	备注
9.7.4	应急工作后评估和分析总结	4	发生应急事件以后，应及时对事件处理情况进行分析评估，在规定时间内将分析总结上报上级调控机构	查阅资料、调查核实	未按要求开展后评估和分析总结的，扣50%标准分；因应急响应滞缓、应急处置错误等导致事故扩大的，本项不得分	
9.8	专业管理	25				
9.8.1	网络安全管理规章制度	5	应具有结合本单位实际制定的电力监控系统网络安全管理规程、制度、规定、办法等（内容应涵盖电力监控系统设计及评审、安防设备调试验收、网络安全管理平台运行监视、安防设备检修、安防设备退役以及网络安全人员管理要求等）	查阅有关制度、考核、规定、办法等管理规程，现场检查实际执行情况	未制定网络安全管理规章制度，本项不得分；制度涵盖内容每缺少一项，扣20%标准分；制度相关内容未实际执行，每项扣20%标准分	
9.8.2	考核评价机制	5	应网络安全管理评价机制，定期发布网络安全管理评价情况	查阅资料	未建立网络安全管理评价机制的，扣50%标准分；未定期发布网络安全管理评价情况的，每次扣20%标准分	
9.8.3	网络安全专业人员配备	10	人员配置合理，分工明确，并制定网络安全管理及运维人员各自的岗位职责规范，关键岗位专业技术人员应主备配置	查阅岗位设置和人员分工情况，现场抽查专业人员履行岗位职责的情况和履行能力	未配置网络安全专职人员，不得分；人员配备不合理，扣50%标准分；岗位、职责不清晰，扣50%标准分；关键岗位专业技术人员未主备配置，扣50%标准分；未制定人员岗位职责规范，扣50%标准分；岗位职责履行欠缺，酌情扣10%～40%标准分	

序号	评价项目	标准分	评分标准	查证方法	评分方法	备注
9.8.4	网络安全培训	5	制定完善的年度培训计划并予以实施；建立完备的专业培训题库	查阅培训计划、通知或记录	未制定年度培训计划的，本项不得分；未按照培训计划开展网络安全从业人员培训的，每项扣20%标准分	
9.9	从专业管理角度，专家组针对被评价公司专业现状提出建议		根据电力监控系统网络安全管理中暴露的突出问题，提出加强网络安全技术及管理方面的建议		本项不计算分值，以建议形式提出	可以从广泛的角度进行论述
10	**综合技术与安全管理**	**350**				
10.1	上级调控部门专业管理评估	20				此项结合考核期内参与考核的数据及各项工作完成情况进行评分
10.1.1	信息、资料	10	信息、资料报送及时、正确	上级调控部门评估	报送不及时的，每次扣10%标准分；数据不正确的，每个扣10%标准分	
10.1.2	专业管理工作	10	调度系统年度重点工作及日常布置的专业管理工作应按要求及时、有效落实	上级调控部门评估	调度系统年度重点工作未及时有效落实的扣50%标准分；其他专业管理工作未及时有效落实的20%标准分	
10.2	安全目标管理	10				

序号	评价项目	标准分	评分标准	查证方法	评分方法	备注
10.2.1	安全目标	10	年度安全生产应按照《国家电网公司调控机构安全工作规定》（国网（调/4）338—2018）相关要求制定本单位的总体控制目标、分层控制目标及控制措施	查阅安全责任书（至少抽查一个专业处室，新进员工和调岗员工安全责任书必查）	无总体安全控制目标或分层控制目标，本项不得分；总体安全控制目标或分层控制目标不满足调控机构安全管理规定的，每发现一项，扣20%标准分；每缺一份安全责任书，扣20%标准分	
10.2.2	电网事故		不发生调度责任的一般以上电网事故	调查核实	每发生一起，扣10分	本项不得分，只扣分
10.2.3	设备事故		不发生调度责任的一般以上设备事故	调查核实	每发生一起，扣10分	本项不得分，只扣分
10.2.4	人身事故		不发生重伤以上人身事故	调查核实	每发生一起，扣10分	本项不得分，只扣分
10.2.5	网络安全事件		不发生调度责任的电力监控系统一般以上网络安全事件	调查核实	每发生一起，扣10分	本项不得分，只扣分
10.2.6	信息系统事件		不发生调度责任的五级以上信息系统事件	调查核实	每发生一起，扣10分	本项不得分，只扣分
10.2.7	火灾事故		不发生调控生产场所火灾事故	调查核实	每发生一起，扣10分	本项不得分，只扣分
10.2.8	其他事故		不发生影响所在公司安全生产记录的其他调度责任事故	调查核实	每发生一起，扣10分	本项不得分，只扣分
10.3	安全责任落实	15				

序号	评价项目	标准分	评分标准	查证方法	评分方法	备注
10.3.1	安全责任清单	5	依据法规制度、岗位职责明确各岗位安全责任清单，做到岗位职责与安全责任相对应，并明确履责要求和履责记录。按照岗位职责变动情况，修改岗位安全责任清单	调查核实	每发现一个岗位未制定安全责任清单，扣20%标准分；每发现一个岗位职责与安全责任不对应，扣10%标准分；履责要求不明确、履责记录不完善的，每发现一起，扣10%标准分。未按照岗位职责变动情况修改岗位安全责任清单，每发现一起，扣10%标准分	本项为重点评估项目
10.3.2	安全责任书	5	逐级签订安全责任书，安全责任书应覆盖各级、各类人员，并包含安全责任清单核心内容	查阅资料，安全责任书必须包含安全责任清单核心内容，随机抽查2～3个处安全责任书，随机抽查10名职工（其中至少包含1位调度中心领导）	未签订安全责任书、安全责任制不健全，本项不得分。抽查中每发现一个部门或岗位安全责任不明确，扣10%标准分；每发现一名员工不了解自己岗位安全生产职责，扣5%标准分	
10.3.3	安全考核奖惩	5	应建立本部门各级各类人员的安全生产考核奖惩机制，并按要求严格落实	查阅监督考评统计数据记录及有关资料，调查核实	无安全生产考核奖励机制的，本项不得分；没有安全生产考核奖惩工作开展记录的，扣50%标准分；未按要求定期开展安全生产考核奖惩工作的，每项扣10%标准分	

序号	评价项目	标准分	评分标准	查证方法	评分方法	备注
10.4	安全规章制度	15				
10.4.1	配备管理	5	根据工作需要制定安全生产规章制度目录，并定期更新。配齐最新版本的安全生产规章制度，并实行电子化、痕迹化管理	查阅资料并检查落实情况	未制定安全生产规章制度目录的，本项不得分；未进行定期更新的，扣30%标准分；未按上级最新制定的要求配齐最新版本的安全生产规章制度，每发现一项，扣10%标准分；规章制度未实行电子化、痕迹化管理，每发现一项，扣2分	
10.4.2	宣贯学习	5	及时组织宣贯学习安全生产规章制度，并根据自身实际制定相应必要的实施细则	查阅资料并检查落实情况	无安全生产规章制度学习记录，本项不得分；未根据自身实际制定相应必要的实施细则，每发现一项，扣20%标准分	
10.4.3	动态修订规程	5	每年对所辖电网调度控制规程进行一次复查，根据需要进行补充修订；每3~5年进行一次全面修订，在履行审批手续后印发执行	查阅电网调度控制规程	电网调度控制规程超期未修订，扣50%标准分；未根据需要每年对电网调度控制规程进行补充修订的，扣10%标准分	本项为重点评估项目
10.5	安全监督管理	40				
10.5.1	安全监督体系建设	5	按《国家电网公司调控机构安全工作规定》(国网(调/4)338—2018)要求，配备专职安全员；建立中心、处两级安全监督管理体系；建立所辖电网调度系统安全监督网络	查阅有关资料	中心未配备专职安全员，不得分；安全监督管理体系不健全，扣40%标准分；所辖电网调度系统安全监督网络不健全，扣40%标准分；安全员任职条件不满足规定的，扣20%标准分	

序号	评价项目	标准分	评分标准	查证方法	评分方法	备注
10.5.2	安全员履责	5	专、兼职安全员应按照《国家电网公司调控机构安全工作规定》要求,切实履行相关职责,充分发挥安全监督作用	查阅安全监督报告、安全培训记录等有关资料,调查核实	专职安全员没有起到监督作用,扣30%标准分;每发现一个处的兼职安全员没有起到监督作用,扣20%标准分;各级安全员未按标准完成监督工作,每次扣10%标准分	
10.5.3	安全监督	5	按《国家电网公司调控机构安全工作规定》(国网(调/4)338—2018)开展中心、处内部监督检查。各专业兼职安全员按规定要求对涉及本专业的业务进行日常检查,提出安全风险控制措施和建议;中心安全员对核心业务进行抽查,汇总、编制、发布月度安全监督查评报告,提出评价意见和整改建议,对整改措施落实情况进行跟踪检查	按照《国家电网公司调控机构安全工作规定》查阅资料、调查核实,在安全监督一体化平台上核查相关资料	安全监督一体化平台内容不全,每缺一大项,扣20%标准分。未按月形成安全监督报告的,每少一次,扣10%标准分。对发现的重要问题,未启动整改流程的,每发现一次,扣10%标准分。未按要求编制月度安全监督查评报告,并按时上传到安全监督平台的,每发现一次,扣10%标准分	本项为重点评估项目
10.5.4	调度核心业务流程上线运转	5	应按照国调中心相关要求,实现调控核心业务流程上线流转	按照国调中心调控核心业务流程相关要求,查阅资料、调查核实	未完全实现核心业务流程及SOP上线流转的,每缺少一个,扣20%标准分。上线流程不满足国调要求的,每个扣15%标准分	

序号	评价项目	标准分	评分标准	查证方法	评分方法	备注
10.5.5	隐患排查治理	5	对安全隐患应及时组织分析、提出具体整改措施并组织落实。对发现隐患问题应建立电子隐患库	查阅隐患库、整改计划及落实情况等资料，调查核实	未建立电子隐患库，扣20%标准分；未定期或及时组织分析电网存在的安全隐患，扣30%标准分；未针对发现的安全隐患制订防控措施，扣30%标准分；未明确整改责任人、整改措施、时间要求以及整改完成相关资料不完善的，每发现一项，扣20%标准分	
10.5.6	反措落实	5	按要求制定专业反措实施计划，并督导落实	进行实地查看；查阅资料、调查核实	未按要求制定反措实施计划，不得分；整改措施有一项未落实责任人、没有明确时间要求的，扣30%标准分；反措落实资料不全的，每项扣10%标准分	
10.5.7	安全监督一体化管控平台应用	5	按照国调中心要求，在各级调控深化应用安全监督一体化管控平台	检查安全监督一体化管控平台应用情况	对照《国家电网公司调控机构安全工作规定》，安全监督一体化管控平台每缺少一项数据，扣10%标准分	本项为重点评估项目
10.5.8	事故调查分析	5	发生电网和调度二次系统相关的设备、信息事件、事故时应及时处理、汇报，按照"四不放过"（事故原因未查清不放过、责任人员未处理不放过、整改措施未落实不放过、有关人员未受到教育不放过）原则，认真组织或参与调查分析，并编写事故分析报告	查阅相关事故分析报告	未按照"四不放过"原则进行调查、分析、整改的，一次扣50%标准分；分析不及时或未及时处理、汇报、保存好相关资料的，一次扣30%标准分；事故分析报告每缺一次，扣20%标准分；事故报告不符合要求，一次扣10%标准分	

序号	评价项目	标准分	评分标准	查证方法	评分方法	备注
10.6	安全例行工作	25				
10.6.1	安全生产保障能力评估	5	按照国调中心印发的相关标准，至少每5年开展一轮次地县级调控机构安全生产保障能力评估	查阅评估报告，整改计划和复评报告，核查安全监督一体化平台相关内容	未开展安全生产保障能力评估的，不得分；每缺少一个地级调控机构，扣10%标准分；每缺少一个县级调控机构，扣5%标准分。没有建立"评价、整改、复评"整改机制的，扣50%标准分。整改没有得到落实且没有相应计划和应急措施的，每项扣5%标准分	本项为重点评估项目
10.6.2	安全生产分析会	5	定期举行安全生产分析会，对发现的问题提出应对措施及整改意见，并检查和跟踪整改措施落实情况。会议由本单位安全第一责任人主持（特殊情况可委托其他负责人主持）	检查会议记录和会议资料	至少每季度举行一次，每缺一次，扣50%标准分。会议流于形式或记录不齐全，扣20%标准分。第一责任人无故未主持一次分析会，少于一次的，扣20%标准分。会议记录未及时上传到安全监督一体化平台，扣20%标准分	本项为重点评估项目
10.6.3	专项安全检查	5	开展专项安全检查。调控机构应开展迎峰度夏（冬、汛）、节假日及特殊保电等时期安全检查，重点检查电网预控措施的落实情况，确保特殊时期电网安全稳定运行	查阅相关检查内容清单和检查报告、被检单位的整改记录	未开展迎峰度夏（冬、汛）、节假日及特殊保电安全检查，每缺一次，扣50%标准分；未制定详细检查大纲或未按照检查大纲进行检查的，每发现一次，扣30%标准分；检查安排及总结未及时上传到安全监督一体化平台的，扣30%标准分	本项为重点评估项目

序号	评价项目	标准分	评分标准	查证方法	评分方法	备注
10.6.4	安全文件宣贯学习	5	对上级有关安全文件、事故快报、事故通报,应及时组织宣贯学习。结合实际根据情况予以转发,并提出贯彻执行的措施与要求	查阅资料,核查安全监督一体化平台	未及时组织宣贯学习,有关安全文件应该转发未转发的,视情况,每项,扣20%标准分;未按照要求开展安全日活动的,每发现一次,扣20%标准分;专业处未按要求开展学习的,每项扣10%标准分;安全活动记录未及时上传安全监督一体化平台的,每项扣10%标准分	
10.6.5	调度安全指标月度和年度统计分析	5	调度安全指标应按月和年度进行统计分析。对指标异常的情况,要分析原因,找出存在的问题,提出整改措施和建议	查阅资料,应至少包括频率、电压、继保正确动作率等指标的统计分析	未按月和年度进行统计分析,扣50%~100%标准分。对发现的问题未及时整改的,每次扣20%标准分	
10.7	安全教育培训	25				
10.7.1	安全培训计划	5	各级调控机构应组织制定年度安全生产教育培训计划,定期开展培训,加强安全生产教育考核,确保所有员工具有适应岗位要求的安全知识和安全技能,增强事故预防和应急处理能力。安全培训计划至少应包含内部人员安全知识培训、外部人员安全培训、应急培训、安全知识考试等方面内容	查阅资料	未制定安全培训计划,本项不得分;计划制定覆盖面不够全面,每缺一项,扣30%标准分;无故未按计划落实,每缺一项,扣20%扣标准分	

续表

序号	评价项目	标准分	评分标准	查证方法	评分方法	备注
10.7.2	安全教育内容	4	调控机构安全生产教育培训内容包括但不限于《国家电网公司安全工作规定》《国家电网公司电力安全工作规程》《国家电网公司事故调查规程》《电力监控系统安全防护规定》《电网调控运行安全百问百查读本》《电网调控运行反违章指南》《电网调度安全风险辨识防范手册》《调控系统本质安全建设三十条释义》等规程规定和安全读本，安全生产教育培训应结合调控运行特点和日常业务开展	查阅资料	未按规定内容进行培训，本项不得分。培训内容缺少的，每缺一项，扣10%标准分	
10.7.3	安全教育管理	5	新入职人员、新上岗调控运行值班人员、在岗生产人员及调控业务联系对象的培训应严格按照《国家电网公司调控机构安全工作规定》（国网（调/4）338—2018）执行	查阅有关培训和考试档案或记录	发现一人未经安全教育或考试不合格上岗，本项不得分。未按照《国家电网公司调控机构安全工作规定》[国网（调/4）338—2018]执行的，每发现一项不满足要求，扣20%标准分	
10.7.4	应急培训	6	调控机构应针对应急预案，及时组织开展相关人员培训	检查公文系统、培训计划，培训记录及现场考问。随机抽查5～10名职工对应急预案（处置方案）掌握情况	未开展应急预案培训工作，不得分。现场考问相关人员，对预案内容未掌握，每人次扣10%标准分	
10.7.5	触电急救及消防	3	所有生产人员应熟练掌握触电现场急救方法，应掌握消防器材的使用方法及火场逃生方法	随机抽查8名职工	每发现一位没有掌握规定方法，扣20%标准分；未举行（或参与）年度消防演练，扣30%标准分	

序号	评价项目	标准分	评分标准	查证方法	评分方法	备注
10.7.6	调度安全知识考试	2	每年应组织调控机构全体员工进行调度应知应会内容及安全知识考试	查阅资料	每年应至少开展一次考试，未组织考试的，本项不得分；参试率小于95%，每低1%，扣20%标准分；考试及格分数为80分、及格率目标为100%，每低1%，扣20%标准分	
10.8	涉网安全管理	30				
10.8.1	并网调度协议核查	5	每年组织对本调度机构及下级调度机构并网调度协议核查，并网调度协议应采用国家电网公司合同范本。按照合同范本与直调发电厂和大用户签订并网调度协议，严禁无并网调度协议违规并网。并网调度协议期限时长应满足当地电力监管部门规定要求。并网调度协议到期前应完成续签手续。如有新增加的技术及管理要求应及时签订补充协议	查阅资料、调查核实，调取网源协调平台数据核实	未签订并网调度协议即允许机组并网运行的，每发现一项，扣30%标准分；未按照合同范本签订并网调度协议的，每发现一项，扣10%标准分；并网调度协议到期前未及时履行续签手续的，每发现一项，扣10%标准分；调度协议期限时长不满足当地电力监管部门规定要求或签订无固定期限调度协议的，每发现一项，扣20%标准分；未按照上级要求及时开展补充调度协议签订的，每发现一项，扣10%标准分	
10.8.2	电力业务许可证（发电类）核查	5	每年组织对本调度机构及下级调度机构电力业务许可证核查，按照政府相关文件要求，并网机组应按照规定取得电力业务许可证（发电类）	查阅资料、调查核实	每发现一台并网机组未取得电力业务许可证（发电类），扣50%标准分	

续表

序号	评价项目	标准分	评分标准	查证方法	评分方法	备注
10.8.3	涉网安全监督管理	5	依法依规履行直调电厂和大用户涉网安全监督职能，组织开展并网必备条件核查，下发整改通知书并督促落实	查阅资料、调查核实，调取网源协调平台数据核实	未开展并网必备条件核查的，本项不得分；未针对存在的问题发出整改通知书并督促整改的，每发现一个，扣30%标准分	
10.8.4	网源协调管理信息平台（应用）建设	5	部署网源协调管理信息平台，按照《国家电网网源协调信息管理应用平台技术规范》要求完成参数录入和资料上传	调取网源协调平台数据核实	未部署网源协调管理信息平台，不得分；未录入地调数据的，每个，扣20%标准分	本项为重点评估项目
10.8.5	网源协调管理信息平台（应用）参数管理	5	深化网源协调信息管理平台应用，录入平台参数完整、准确	调取网源协调平台数据核实	平台参数完整率应达到95%，每降低1%，扣10%标准分；平台参数正确率应达到95%，每降低1%，扣10%标准分	本项为重点评估项目
10.8.6	网源协调管理信息平台（应用）资料管理	5	深化网源协调信息管理平台应用，上传平台的资料完整、真实	调取网源协调平台数据核实	平台挂载文本应完整、真实，完整率应达到90%，每降低1%，扣10%标准分；每发现1项不真实或未及时更新，扣10%标准分；直调电厂存在材料缺失、过期等不合规情况的，每发现1项，扣10%标准分	本项为重点评估项目
10.9	应急管理	33				
10.9.1	应急组织体系	5	成立调度应急指挥工作组，总指挥由调控机构行政正职担任，接受本单位应急领导小组的统一领导和指挥	查阅资料，调查核实	未按要求建立应急指挥工作组的，本项不得分；组织体系不健全的，扣10%~20%标准分	

续表

序号	评价项目	标准分	评分标准	查证方法	评分方法	备注
10.9.2	应急工作机制	5	根据《国家电网公司调控系统预防和处置大面积停电事件应急工作规定》，结合所辖电网实际，明确应急工作机制和工作职责	查阅资料，调查核实	未建立调度应急工作机制的，本项不得分；工作机制不健全、职责分工不明确的，每次扣 20%～50% 标准分	
10.9.3	应急预案管理	5	根据《国家电网公司调控机构安全工作规定》，按照"实际、实用、实效"的原则，建立完善调控机构应急预案体系	查阅资料，调查核实	对照《国家电网公司调控机构安全工作规定》应急管理要求，每缺少一项应急预案，扣20%标准分；每发现一项应急预案未根据实际动态修订，扣20%标准分	本项为重点评估项目
10.9.4	应急演练管理	5	定期组织开展应急预案的应急演练工作，有针对性地开展专项应急演练，及时对演练效果进行总结分析，提出改进建议	查阅资料，调查核实	每年至少组织或参加一次（度冬、度夏）电网联合反事故演习，不满足要求的，扣50%标准分；演练结束后未进行总结评估的，每次扣10%标准分	本项为重点评估项目
10.9.5	应急流程管理	3	按照《国家电网公司调控机构安全工作规定》要求，规范开展应急响应启动、处置和解除	查阅资料，调查核实	未按要求规范应急处置流程，本项不得分；应急处置流程不规范，每项扣20%标准分	
10.9.6	应急技术保障	5	加强调控机构应急技术保障建设，建设电网调度应急指挥中心，将应急电话会议系统、能量管理系统（EMS）和调度管理系统（OMS）接入指挥中心，满足电网运行信息实时浏览的要求	查阅资料，调查核实	未建立电网调度应急指挥中心，不得分；应急电视（电话）会议系统、能量管理系统（EMS）和调度管理系统（OMS）未接入电网调度应急指挥中心的，每项扣50%标准分	

续表

序号	评价项目	标准分	评分标准	查证方法	评分方法	备注
10.9.7	应急图库管理	5	定期在应急图库中上传电网地理接线图、一次接线图、年度运行方式、调度应急预案等资料；定期审核下级调控机构应急资料	查阅资料	未上传相关资料，不得分；每出现一次未及时更新资料，扣30%标准分；每出现一次上传资料内容、格式有误，扣30%标准分；未正确核查下级调控机构应急资料，扣50%标准分	本项为重点评估项目
10.10	备调管理	37				
10.10.1	备调建设	8	主、备调技术支持系统应保持同步运行、信息一致，通信系统应保证畅通，在主调失效时，能够快速实现电网调度指挥权的切换	现场检查	未建立备调的，不得分；不能满足备调技术支持系统与主调保持同步运行、信息一致，视情况扣50%~80%标准分；通信系统不可靠，视情况扣50%~80%标准分；备调未建设独立OMS系统的，扣30%标准分	本项为重点评估项目
10.10.2	备调功能	5	备调场所应至少设立2席专用调度席位（其中1席满足与主调互用要求），承担监控业务的调控机构还应设立2席专用监控席位（其中1席满足与主调互用要求）；主调场所设立满足互用要求的调控席位。主备调应相互接入对侧系统远程终端，主调常态使用备调远程终端开展（部分）调控业务，主、备调控系统并列运行、交叉应用	现场检查	未设置专用调度或监控席位的，不得分；主备调未接入对侧系统远程终端，扣80%标准分；主调未常态适用备调远程终端开展调控业务，扣20%标准分	本项为重点评估项目

序号	评价项目	标准分	评分标准	查证方法	评分方法	备注
10.10.3	日常管理	5	应建立健全备调日常管理办法，按照办法开展备调日常管理工作	查阅资料	未建立有关备调日常管理办法，不得分；管理办法不符合按国调要求的，每发现一处，扣20%标准分；未按管理办法执行，每发现一处，扣10%标准分	
10.10.4	运行资料管理	5	备调场所资料应包括（如有）但不限于：① 调度控制管理规程（或细则）；② 继电保护及安全自动装置调度运行规定；③ 调度管辖范围划分及设备限额表；④ 电网事故限电序位表、超电网供电能力拉限电序位表；⑤ 各类事故处理预案及电网黑启动方案；⑥ 厂站现场运行规程、典型操作票；⑦ 继电保护、安全自动装置整定单；⑧ 调控运行联系人员名单及电话号码；⑨ 调度值班表；⑩ 临时保供电线路名单；⑪ 其他备调综合转换演练所需的材料。以上资料可为电子版或纸质	查阅资料	运行资料与主调不一致，扣50%标准分；每缺少一项资料，扣20%标准分，超过5项缺失，不得分	
10.10.5	预案管理	4	应建立备调启动、备调系统故障等突发事件应急预案，并开展演练	查阅资料	预案体系不全面，扣20%标准分；预案编制不完善，每发现一处，扣10%标准分；预案未按计划演练，扣10%标准分	
10.10.6	切换演练	5	编制年度备调演练计划，开展月、季、年度备调演练	查阅资料	未建立演练计划，不得分；未按计划开展演练，每发现一次，扣10%标准分；演练结束后未开展后评估，扣10%标准分	本项为重点评估项目

序号	评价项目	标准分	评分标准	查证方法	评分方法	备注
10.10.7	地县备调管理	5	制定地县主备调切换演练计划,开展切换演练检查评估	查阅资料,现场抽查1～2家地调备调工作开展情况	未建立演练计划,不得分;未按计划开展切换演练,每发现一个单位,扣10%标准分;未开展演练现场评估,每发现一个单位,扣10%标准分	分中心不参与考评
10.11	县、配调管理	10				分中心不参与考评
10.11.1	县、配调同质化管理	5	调控机构应组织制定省内统一的配电网调度规程,并指导地县调、供电服务指挥中心按照上级要求做好配网调度运行、方式计划、继电保护、自动化及配网抢修指挥等专业工作	查阅记录及OMS系统	未统一省内县、配调调度规程,扣50%标准分;未统一省内配电网设备调度命名规范,扣30%标准分;未统一调管范围,扣20%标准分;未统一检修审批等核心业务流程,每发现一处,扣10%标准分	本项为重点评估项目
10.11.2	配调日常管理	5	应开展配调持证上岗、低压配电网停电计划等专业管理,落实配网图模技术支撑,强化调控日志记录、配网电子图异动等配网核心业务流程管控,定期开展县、配调核心业务流程运转情况统计分析,并将结果纳入评价考核	查阅OMS及有关资料,现场抽查1～2个配调	配调业务未在OMS单轨运行,不得分;未开展配调持证上岗管理,扣30%标准分;未开展0.4kV停电计划B类以上地区备案管理,扣30%标准分;备案资料不全的,每发现一处,扣10%标准分;OMS每缺少一个核心业务流程,扣30%标准分;未定期开展核心业务流程运转情况统计分析考核,扣20%标准分。图模覆盖率、图模校验通过率、图模异动率应为100%,每降低1个百分点,扣10%标准分	

续表

序号	评价项目	标准分	评分标准	查证方法	评分方法	备注
10.12	综合安全管理	70				
10.12.1	人员配置	10	调控机构人员岗位配置应满足安全生产工作要求；人员实际到位率不低于90%；严防因调控机构人员编制不足、人员业务量过大，导致的安全生产事件	查阅定员数据，现场检查	对照本单位批复的定员数，调控中心实际到位率低于90%，每下降1个百分点，扣10%标准分；低于80%及以下的，本项不得分	本项为重点评估项目
10.12.2	信息安全与保密管理	8				
10.12.2.1	信息安全管理	4	调控机构的计算机和网络必须采取有效防护措施且严格管理；内外网计算机有效隔离；严禁办公及生产用计算机违规外连。内外网计算机应设置开机密码并定期改换，离开计算机时应锁定系统或关闭计算机	现场抽查	发现办公及生产用计算机违规外连，不得分；内外网计算机未贴标签，每发现一例，扣20%标准分；内外网计算机未设置密码，每发现一例，扣20%标准分；密码不符合要求，每发现一例，扣20%标准分；计算机不具备屏保锁定功能，每发现一例，扣10%标准分	
10.12.2.2	保密管理	4	严格执行国家电网公司信息保密制度，按要求组织开展本部门保密承诺书签订工作。涉密资料制作、收发、传递、使用、复制、保管等过程应符合保密管理规定。互联网办公计算机、邮箱无存储、处理和传输企业秘密文件记录	现场检查	每发现一人未按要求签订保密承诺书的，扣10%标准分；涉密资料处理不符合保密管理规定的，每发现一次，扣20%标准分；抽查5～10人（一般管理人员、涉密人员、外来人员等）对本岗位有关保密要求及内容的掌握情况，每有一人不清楚的，扣10%标准分；发现互联网办公计算机、邮箱有存储、处理和传输企业秘密文件记录的，此项不得分	本项为重点评估项目

序号	评价项目	标准分	评分标准	查证方法	评分方法	备注
10.12.3	电源管理	6				
10.12.3.1	外来电源	2	调度大楼应具备来自不同变电站的两路10kV进线电源且能自动切换（设有10kV备自投装置）；低压供电系统采用双电源末端自动切换	检查核实	不具备不同变电站电源（含同一变电站两条出线情况）或自动切换不符合要求，本项不得分；低压供电系统未采用双电源末端自动切换，本项不得分	
10.12.3.2	机房电源	2	机房应独立配置专用的UPS电源，UPS主机应冗余配置。每年应按规定对UPS进行充放电实验，并编制UPS电源应急处理预案	现场检查	未独立配置UPS电源，不得分；未冗余配置，扣50%标准分；未按规定每年对UPS电源进行充放电实验，扣20%标准分；未编制应急处理预案，扣20%标准分	
10.12.3.3	事故照明	2	调度室、值班室、机房、各生产办公楼层走廊等事故照明应符合要求	现场检查	每发现一处未配置事故照明，扣10%标准分；每发现一盏事故照明灯不亮，扣10%标准分	
10.12.4	消防管理	8				
10.12.4.1	消防演练	4	根据职责划分定期组织消防安全活动，开展消防应急演练	查阅资料	未开展（或参与）消防安全活动、消防应急演练，不得分；演练方案不规范，扣50%标准分；未开展演练后评估，扣20%标准分	
10.12.4.2	易燃易爆物品管理	4	机房内及附近严禁存放和使用易燃、易爆、腐蚀、强磁性物品。物品堆放因符合国家标准	查管理办法，查看现场	发现堆放相关物品，本项不得分；物品不规范，扣50%标准分	

序号	评价项目	标准分	评分标准	查证方法	评分方法	备注
10.12.5	其他	8				
10.12.5.1	技术装备	2	按照电网调控规划，制定详细的实施计划，并按计划执行	查阅资料	未按规划制定计划，不得分；计划操作性不强，扣30%标准分；未按计划建设，每发现一处，扣20%标准分	
10.12.5.2	外来人员管理	2	建立健全外来支撑人员登记、安全资质检查审核制度，对外来支撑人员进行安全、保密和其他纪律教育，组织进行安全知识考试，经考试合格后方能开展工作；外来支撑人员在调控机构工作期间必须悬挂格式统一的身份标识牌；对现场施工应设专人监督	现场检查	未开展外来支撑人员登记、安全资质审核，扣50%标准分；未对外来支撑人员进行安全、保密和其他纪律教育以及考试，扣30%标准分；外来支撑人员未悬挂格式统一的身份标识牌，每发现一人，扣10%标准分；现场施工未有专人监督，扣10%标准分	
10.12.5.3	防雷接地管理	2	所有电气设备接地装置应良好，并与调度大楼接地网可靠连接，每年应在雷雨季节前测量接地电阻一次，且电阻值不大于 0.5Ω，应有正式出具的年度防雷检测报告	查记录、查设备	设备接地装置不良或未按时测量接地电阻值，本项不得分；电阻值大于 0.5Ω，本项不得分。无年度防雷检测报告，扣50%标准分	

序号	评价项目	标准分	评分标准	查证方法	评分方法	备注
10.12.5.4	施工安全管理	2	对承包方应进行资质审查,并依法签订安全协议,明确双方应承担的安全责任;开工前对施工方进行安全技术全面交底,严格执行工程"三措"(组织措施、技术措施、安全措施)制度,并定期开展现场监督;现场施工人应持证或佩戴标志上岗;动火、电焊工作应按规定办理手续	查阅资料,调查核实	与现场施工单位未签订安全协议,本项不得分;安全协议中无具体规定发包方和承包方各自应承担的安全责任和评价考核条款,扣30%标准分。开工前未对承包方项目经理、现场负责人、技术员和安全员进行全面的安全技术交底,并应有完整的记录或资料的,扣30%标准分;每发现现场施工人员一人未佩戴标志上岗,扣30%标准分;动火、电焊工作未按规定办理手续,扣30%标准分	
10.13	技术标准实施	20				
10.13.1	技术标准辨识	5	通过标准辨识,以结构合理、规模适度、内容科学和实施有效为原则,建立并持续维护各专业、各岗位技术标准体系(或清单)	查阅技术标准体系(或清单),根据标准制、修、废情况,检查标准体系是否及时更新	未根据标准制、修、废,及时更新标准体系清单,每项扣1分	
10.13.2	标准执行情况	10	定期组织技术标准宣贯培训,确保各业务岗位人员熟练掌握本岗位要执行的技术标准。技术标准落地执行,并与日常业务准确对应	抽查相关培训记录。抽查专业岗位人员对标准的掌握情况	无培训记录,每发现一个专业,扣2分。标准未落实到位,每发现一处,扣2分	本项为重点评估项目
10.13.3	标准实施反馈	5	技术管理专业不定期监督各专业标准执行情况。发现标准不适用、交叉矛盾和标准缺失等问题,要及时反馈上级调度机构	抽样访谈。参考检查年度之前,最近一次标准差异协调工作参与度	未开展监督工作,扣3分。未参与标准差异协调,扣2分	

国家电网地县级调控机构安全生产保障能力评估标准

序号	评价项目	层面	标准分	评分标准	查证方法	评分方法	层面	标准分	评分标准	查证方法	评分方法	备注
1	调控运行与管理	地调 200 分/县调 190 分										
1.1	调控运行日常管理	地调	40				县调	40				
1.1.1	调度（调控）管理规程	地调	15	1. 统一（或配合省调）修编调度（调控）管理规程，规程修订周期应不超过 5 年，当所辖电网或调度管理关系发生重大变化时，应及时修订或制定补充规定。2. 执行省级公司配电网调控规程，细化配网调控相关工作要求，规范配电网调控管理	1. 查阅最新修订并下发的调度管理规程或补充规定。2. 查阅配电网调控管理流程及相关工作要求	1. 近 5 年内未修订相关管理规程，本项不得分。2. 所辖电网或调度管理关系发生重大变化，未及时修订或制定补充规定，本项不得分。3. 未执行配电网调控规程或执行不到位，本项不得分。未细化配网调控相关工作要求的，本项不得分	县调	10	调度（调控）管理规程修订周期应不超过 5 年，当所辖电网或调度管理关系发生重大变化时，配合地调修订或制定补充规定；严格执行配电网调控规程及地调的相关配网调控工作要求，规范配电网调控管理	1. 查阅最新修订并下发的调度管理规程或补充规定。2. 查阅配电网调控管理流程及相关工作要求	1. 近 5 年内未配合地调修订相关管理规程，本项不得分。2. 所辖电网或调度管理关系发生重大变化，未及时配合地调修订，或制定补充规定，本项不得分。3. 未执行配电网调控规程及工作要求或执行不到位，本项不得分	必查项

序号	评价项目	层面	标准分	评分标准	查证方法	评分方法	层面	标准分	评分标准	查证方法	评分方法	备注
1.1.2	调控操作管理	地调	15	调控运行值班人员电话下令操作应严格遵守调控操作规定，互报单位姓名，核对设备状态，使用规范的调度术语和双重名称，执行操作监护制度，对发布指令的正确性负责。通过电话发布指令的全过程和听取指令的报告时，应录音并做好记录。网络化下令应严格遵守调控操作规定，调度指令从预令、复核、正令、执行、回令的全流程实现电子化管理	查看调控操作记录，每月抽查5个调控值班人员下令电话录音	1. 未核对设备状态、未执行操作复诵制度，每发现一次，扣20%标准分。2. 操作对系统或设备运行造成不良影响，每发现一次，本项不得分	县调	15	调控运行值班人员电话下令操作应严格遵守调控操作规定，互报单位姓名，核对设备状态，使用规范的调度术语和双重名称，执行操作监护制度，对发布指令的正确性负责。通过电话发布指令的全过程和听取指令的报告时应录音并做好记录。网络化下令应严格遵守调控操作规定，调度指令从预令、复核、正令、执行、回令的全流程实现电子化管理	查看调控操作记录每月抽查5个调控值班人员下令电话录音	1. 未核对设备状态、未执行操作复诵制度，每发现一次，扣20%标准分。2. 操作对系统或设备运行造成不良影响，每发现一次，本项不得分	必查项

序号	评价项目	层面	标准分	评分标准	查证方法	评分方法	层面	标准分	评分标准	查证方法	评分方法	备注
1.1.3	重大事件汇报及调控信息报送	地调	5	严格执行重大事件汇报制度，汇报要及时、准确。严格执行调控生产信息报送制度，做到口径正确，报送及时、数据准确。调控机构应在调控运行值班人员（含岗位）或联系方式发生变化时，及时将现有调控运行值班人员名单及联系方式，报告上级调控机构，并通知各调控联系单位	根据上级调控机构提供的材料中的实时记录为依据	1. 重大事件汇报不及时、不准确，每次扣50%标准分。调度生产信息报送不及时、不准确，每次扣20%标准分。 2. 每发现一家调控联系单位所持有的该调控机构的调控运行人员（含岗位）和联系方式不正确，扣20%标准分	县调	10	严格执行重大事件汇报制度，汇报要及时、准确。严格执行调控生产信息报送制度，做到口径正确，报送及时、数据准确。调控机构应在调控运行值班人员（含岗位）或联系方式发生变化时，及时将现有调控运行值班人员名单及联系方式，报告上级调控机构，并通知各调控联系单位	根据上级调控机构提供的材料中的实时记录为依据	1. 重大事件汇报不及时、不准确，每次扣50%标准分。调度生产信息报送不及时、不准确，每次扣20%标准分。 2. 每发现一家调控联系单位所持有的该调控机构的调控运行人员（含岗位）和联系方式不正确，扣20%标准分	必查项
1.1.4	超供电能力限电序位表和事故限电序位表	地调	5	1. 机构应每年编制所辖电网的事故限电序位表，并报政府有关部门批准。 2. 机构应常备（或配备）当年超供电能力限电序位表	查阅超计划用电和事故限电序位表	1. 序位表每缺一项，扣40%标准分。 2. 无序位表，本项不得分	县调	5	县调应每年编制（或具备）经政府有关部门批准的所辖电网事故限电序位表。调控机构应常备（或配备）当年超供电能力限电序位表，并根据相关要求执行	查阅超计划用电和事故限电序位表	1. 序位表每缺一项，扣40%标准分。 2. 无序位表，本项不得分	必查项

序号	评价项目	层面	标准分	评分标准	查证方法	评分方法	层面	标准分	评分标准	查证方法	评分方法	备注
1.2	调控运行安全管理	地调	45				县调	40				
1.2.1	电网故障处置演练及备用调度演练	地调	20	每月至少进行 1 次电网（含配网）故障处置演练，每年至少进行 1 次两级以上调控机构参加的联合电网故障处置演练。具备条件的应使用调控联合仿真培训系统。演练应包括典型演练（迎峰度夏、度冬）、保电演练、防灾演练等。定期组织主备调切换演练。主调应每季度安排值班人员赴备调同步值守，每年至少组织一次备调转入应急启用工作模式、调控指挥权转移的综合演练	查阅电网故障处置、备调演练相关资料	1. 不能按月进行电网故障处置演练的，扣15%标准分。 2. 每年未进行两级以上调控机构参加的联合电网故障处置演练的，扣50%标准分。 3. 未进行年度调控指挥权转移演练的，扣50%标准分	县调	15	每月至少进行 1 次电网故障处置演练，按上级调控机构要求参加联合电网故障处置演练。定期组织主备调切换演练。每年按照上级调控要求进行备调转入应急启用工作模式、调控指挥权转移的综合演练	查阅电网故障处置、备调演练相关资料	1. 不能按月进行电网故障处置演练的，扣20%标准分。 2. 每年未按要求参加上级调控机构组织的联合电网故障处置演练的，扣40%标准分。 3. 未按照上级调控要求进行年度调控指挥权转移演练的，扣50%标准分	必查项

序号	评价项目	层面	标准分	评分标准	查证方法	评分方法	层面	标准分	评分标准	查证方法	评分方法	备注
1.2.2	电网调控机构应急处置预案及典型事故处置预案	地调	15	调控机构应制定电网大面积停电、通信中断、调度自动化系统全停、配电网调度技术支持系统全停、调度场所失火等的应急处置预案，并组织预案的培训学习、演练。调控机构应根据电网薄弱环节和上级调控机构有关规定编制典型事故处理预案，并根据电网结构和方式变化滚动修订，组织各级调控预案的学习、交流、演练。对于存在六级及以上风险的电网检修方式，应具备与风险预警对应的事故预案（或管控措施）。预案的印刷、存放应严格执行保密制度	查阅所编制的电网应急处置预案、典型事故处理预案和交流演练记录。现场考问	1. 无电网应急处置预案，本项不得分。 2. 典型事故处理预案不符合电网运行实际，起不到指导作用，本项不得分。 3. 预案数量不满足调控运行需要，扣50%标准分。 4. 未及时滚动修订，扣30%标准分。 5. 未组织各级调控预案的学习、交流、演练，扣50%标准分。 6. 预案的印刷、存放未严格执行保密制度，扣50%标准分；发生泄密事件，扣100%标准分。 7. 无风险预警针对性事故预案，扣50%标准分	县调	15	调控机构应制定电网大面积停电、通信中断、调度自动化系统全停、配电自动化主站全停、调度场所失火等的应急处置预案，并组织预案的培训学习、演练。调控机构应根据电网薄弱环节和上级调控机构有关规定编制典型事故处理预案，并根据电网结构和方式变化滚动修订，组织各级调控预案的学习、交流、演练。对于电网检修方式，应具备与风险预警对应的事故预案。预案的印刷、存放应严格执行保密制度	查阅所编制的电网应急处置预案、典型事故处理预案和交流演练记录，现场考问	1. 无电网应急处置预案，本项不得分。 2. 典型事故处理预案不符合电网运行实际，起不到指导作用，本项不得分。 3. 预案数量不满足调控运行需要，扣50%标准分。 4. 未及时滚动修订，扣30%标准分。 5. 未组织各级调控预案的学习、交流、演练，扣50%标准分。 6. 预案的印刷、存放未严格执行保密制度，扣50%标准分；发生泄密事件，扣100%标准分。 7. 无风险预警针对性事故预案，扣50%标准分	必查项

序号	评价项目	层面	标准分	评分标准	查证方法	评分方法	层面	标准分	评分标准	查证方法	评分方法	备注
1.2.3	调控交接班管控	地调	10	调控值班人员在交接班期间应严格执行"交接班"制度，认真履行交接班手续，并做好记录和录音	查看交接班记录，按月抽查5个交接班记录	1. 无交接班记录，扣100%标准分。 2. 交接班内容不规范，每项扣20%标准分。 3. 未按时进行交接班，每项扣20%标准分	县调	10	调控值班人员在交接班期间应严格执行"交接班"制度，认真履行交接班手续，并做好记录和录音	查看交接班记录，按月抽查5个交接班记录	1. 无交接班记录，扣100%标准分。 2. 交接班内容不规范，每项扣20%标准分。 3. 未按时进行交接班，每项扣20%标准分	
1.3	调控运行分析	地调	20				县调	20				
1.3.1	无功及电压运行控制	地调	10	能够对系统无功、电压进行在线监控，对电网进行自动无功、电压控制。调控运行值班人员能够对受控站各级母线电压进行运行监视和调整，不发生母线电压越限的情况	查阅智能电网调度控制系统电网电压分析月报、自动电压控制运行月报	1. 无电压监视或遥控调整功能，本项不得分。 2. 不能对母线电压越限情况进行自动排序，扣20%标准分。 3. 发生一次母线电压连续20min超限额运行，扣10%标准分。 4. 对于因电网系统原因造成电压监视或调整不能满足要求的，不扣分	县调	10	能够对系统无功、电压进行在线监控，对电网进行自动无功、电压控制。调控运行值班人员能够对受控站各级母线电压进行运行监视和调整，不发生母线电压越限的情况	查阅智能电网调度控制系统电网电压分析月报、自动电压控制运行月报	1. 无电压监视或遥控调整功能，本项不得分。 2. 不能对母线电压越限情况进行自动排序，扣20%标准分。 3. 发生一次母线电压连续20min超限额运行，扣10%标准分。 4. 对于因电网系统原因造成电压监视或调整不能满足要求的，不，扣分	必查项

序号	评价项目	层面	标准分	评分标准	查证方法	评分方法	层面	标准分	评分标准	查证方法	评分方法	备注
1.3.2	输变配电设备负载、重要断面监视	地调	10	有输变配电设备负载、重要断面监视功能，能够对监控管辖范围内的输变配电设备负载进行在线监测和告警，不发生输变配电设备及重要断面超限运行的情况	查阅日、月、年输变电设备负载及重要断面越限统计情况	1. 无输变配电设备负载、重要断面监视和告警功能，本项不得分。 2. 发生输变电一次设备负载连续30min超限运行，扣10%标准分。 3. 发生输变电一次设备负载连续30min超限110%运行，扣50%标准分。 4. 发生配电一次设备负载连续30min超限运行，扣5%标准分。 5. 发生配电一次设备负载连续30min超限110%运行，扣25%标准分	县调	10	有输变配电设备负载、重要断面监视功能，能够对监控管辖范围内的输变配电设备负载进行在线监测和告警，不发生输变配电设备及重要断面超限运行的情况	查阅日、月、年输变电设备负载及重要断面越限统计情况	1. 无输变配电设备负载、重要断面监视和告警功能，本项不得分。 2. 发生输变电一次设备负载连续30min超限运行，扣10%标准分。 3. 发生输变电一次设备负载连续30min超限110%运行，扣50%标准分。 4. 发生配电一次设备负载连续30min超限运行，扣5%标准分。 5. 发生配电一次设备负载连续30min超限110%运行，扣25%标准分	必查项
1.4	变电站集中监控管理	地调	35				县调	35				

续表

序号	评价项目	层面	标准分	评分标准	查证方法	评分方法	层面	标准分	评分标准	查证方法	评分方法	备注
1.4.1	监控信息接入验收管理	地调	10	依据《国家电网公司变电站设备监控信息接入验收管理规定》（国家电网企管〔2016〕649号）进行监控信息接入验收管理	现场检查OMS系统流程，查阅监控信息点表、一次接线图等相关资料	1. 未开展监控信息接入验收管理，此项不得分。2. 现流程上线流转，扣50%标准分。3. 成闭环管理，扣20%标准分	县调	10	依据《国家电网公司变电站设备监控信息接入验收管理规定》（国家电网企管〔2016〕649号）进行监控信息接入验收管理	现场检查OMS系统流程，查阅监控信息点表、一次接线图等相关资料	1. 未开展监控信息接入验收管理，此项不得分；未实现流程上线流转，扣50%标准分。2. 成闭环管理，扣20%标准分	必查项
1.4.2	新变电站纳入集中监控许可管理	地调	25	依据《国家电网公司变电站集中监控许可管理规定》（国家电网企管〔2016〕649号）进行变电站集中监控许可管理。地调统一组织实施监控范围内的35～220kV变电站纳入集中监控许可管理	检查监控系统。检查从查评当月起前推12个自然月内新投及改造变电站纳入集中监控许可管理相关资料	1. 未开展变电站纳入集中监控许可管理，此项不得分；未实现流程上线流转，扣50%标准分。2. 运检单位自验收报告、申请资料、调控机构出具的评估报告等相关资料，每缺少一项，扣10%标准分	县调	25	依据《国家电网公司变电站集中监控许可管理规定》（国家电网企管〔2016〕649号）进行变电站集中监控许可管理。地调统一组织实施监控范围内的35kV变电站纳入集中监控许可管理	检查监控系统。检查从查评当月起前推12个自然月内新投及改造变电站纳入集中监控许可管理相关资料	1. 未开展变电站纳入集中监控许可管理，此项不得分；未实现流程上线流转，扣50%标准分。2. 运检单位自验收报告、申请资料、调控机构出具的评估报告等相关资料，每缺少一项，扣10%标准分	
1.5	监控信息管理	地调	20				县调	15				

序号	评价项目	层面	标准分	评分标准	查证方法	评分方法	层面	标准分	评分标准	查证方法	评分方法	备注
1.5.1	监控信息规范管理	地调	10	1. 依据《变电站设备监控信息规范》(国家电网企管〔2015〕976号),对在运变电站监控信息采集范围、命名及分类进行规范。2. 变电站监控信息接入规范率100%	现场查阅监控系统,检查从查评当月起前推12个自然月的变电站监控信息告警情况	1. 信息规范接入率达不到100%,每降低1个百分点,扣10%标准分。2. 站监控信息规范接入率=监控信息正确接入条数/全部监控信息条数×100%	县调	10	1. 依据《变电站设备监控信息规范》(国家电网企管〔2015〕976号),对在运变电站监控信息采集范围、命名及分类进行规范。2. 变电站监控信息接入规范率100%	现场查阅监控系统,检查从查评当月起前推12个自然月的变电站监控信息告警情况	监控信息规范接入率达不到100%,每降低1个百分点,扣10%标准分;变电站监控信息规范接入率=监控信息正确接入条数/全部监控信息条数×100%	
1.5.2	监控告警信息优化治理	地调	5	应加强对频发、误发、漏发、伴随、调试信息的优化管理,采取筛选、归并、延时等措施,提高监控告警信息质量	现场查阅监控系统	未开展监控告警信息优化治理,导致告警信息严重频发、误发,每发现一项,扣10%标准分	县调	5	应加强对频发、误发、漏发、伴随、调试信息的优化管理,采取筛选、归并、延时等措施,提高监控告警信息质量	现场查阅监控系统	未开展监控告警信息优化治理,导致告警信息严重频发、误发,每发现一项,扣10%标准分	
1.5.3	监控信息表版本管理	地调	5	变电站改扩建,应及时更新监控信息点表,规范版本管理	现场查阅监控信息表系统或点表	监控信息点表版本未及时更新,每发现1座变电站,扣10%标准分						
1.6	集中监控设备管理	地调	20				县调	20				

序号	评价项目	层面	标准分	评分标准	查证方法	评分方法	层面	标准分	评分标准	查证方法	评分方法	备注
1.6.1	集中监控设备台账管理	地调	10	通过技术手段与PMS系统资源共享,在OMS系统中建立集中监控变电站设备台账	查阅OMS系统	未在OMS系统中建立设备信息台账,扣100%标准分;台账不全、维护更新不及时,每发现一处,扣10%标准分	县调	10	通过技术手段与PMS系统资源共享,在OMS系统中建立集中监控变电站设备台账	查阅OMS系统	未在OMS系统中建立设备信息台账,扣100%标准分;台账不全、维护更新不及时,每发现一处,扣10%标准分	必查项
1.6.2	集中监控缺陷管理流程及处理情况	地调	10	1.应建立基于OMS的缺陷发现、登记、处理、验收闭环管理流程,监控缺陷应具备查询、统计、分析等功能,实现运行与检修体系缺陷信息共享。 2.应定期对缺陷处理情况进行统计、分析,并督促相关单位及时整改	查阅OMS系统缺陷管理功能,查阅缺陷记录,检查从查评当月起前推12个自然月内缺陷处理情况	1.未建立缺陷管理流程,此项不得分;没有系统功能,扣40%标准分;不具备查询、统计、分析任一功能,扣10%标准分;未实现与大检修缺陷信息共享,扣20%标准分。 2.未开展缺陷处理统计分析,此项不得分;缺陷处理率或及时率未达到标准值,每降5%,扣20%标准分	县调	10	1.应建立基于OMS的缺陷发现、登记、处理、验收闭环管理流程,监控缺陷应具备查询、统计、分析等功能,实现运行与检修体系缺陷信息共享。 2.应定期对缺陷处理情况进行统计、分析,并督促相关单位及时整改	查阅OMS系统缺陷管理功能,查阅缺陷记录,检查从查评当月起前推12个自然月内缺陷处理情况	1.未建立缺陷管理流程,此项不得分;没有系统功能,扣40%标准分;不具备查询、统计、分析任一功能,扣10%标准分;未实现与大检修缺陷信息共享,扣10%标准分。 2.未开展缺陷处理统计分析,此项不得分;缺陷处理率或及时率未达到标准值,每降5%,扣20%标准分	

序号	评价项目	层面	标准分	评分标准	查证方法	评分方法	层面	标准分	评分标准	查证方法	评分方法	备注
1.7	监控运行分析及评价	地调	10				县调	10				
1.7.1	国网监控月报完成情况	地调	5	根据监控月报填写要求,规范各项数据的填写	查阅当月的监控月报填报的及时率、正确率	当月监控月报未及时完成的,扣50%标准分;填报数据每发现1项不正确,扣10%标准分	县调	5	根据监控月报填写要求,规范各项数据的填写	查阅当月的监控月报填报的及时率、正确率	当月监控月报未及时完成的,扣1分;填报数据不正确的,扣1分	
1.7.2	监控运行分析开展、发布及落实反馈情况	地调	5	《调控机构监控运行分析评价管理规定》(调监〔2019〕76号)调控机构应每月组织召开相关专业等参加的监控运行分析例会,公布上月设备监控运行情况,汇报上月例会提出事项的落实情况,形成会议纪要并发送相关单位、部门。应建立监控信息定期与专项分析机制	查阅从查评当月起前推12个自然月内会议纪要、监控运行分析报告等相关资料	未开展监控运行分析,此项不得分;每缺少一次分析,扣20%标准分;监控运行分析内容不全面,每缺少一项内容,扣10%标准分。未进行监控运行分析的发布及落实反馈,此项不得分;每缺少一次发布,扣20%标准分	县调	5	《调控机构监控运行分析评价管理规定》(调监〔2019〕76号)调控机构应每月组织召开相关专业等参加的监控运行分析例会,公布上月设备监控运行情况,汇报上月例会提出事项的落实情况,形成会议纪要并发送相关单位、部门。应建立监控信息定期与专项分析机制	查阅从查评当月起前推12个自然月内会议纪要、监控运行分析报告等相关资料	未开展监控运行分析,此项不得分;每缺少一次分析,扣20%标准分;监控运行分析内容不全面,每缺少一项内容,扣10%标准分。未进行监控运行分析的发布及落实反馈,此项不得分;每缺少一次发布,扣20%标准分	

续表

序号	评价项目	层面	标准分	评分标准	查证方法	评分方法	层面	标准分	评分标准	查证方法	评分方法	备注
1.8	断路器远方操作	地调	5				县调	10				
1.8.1	开关远方操作技术条件及实际开展情况	地调	5	依据《国调中心关于印发国家电网公司开关常态化远方操作工作指导意见的通知》（调调〔2014〕72号）规定：调控中心具备远方操作条件的开关与集中监控变电站内开关总数之比达100%。220kV及以下故障停运线路远方试送实际操作开关数量与应由调控中心远方操作开关数之比达98%，开展开关常态化远方操作	查阅调度日志、操作票、录音、文件资料，现场检查	调控中心具备远方操作条件的开关与集中监控变电站内开关总数之比没有达到100%的，得分为实际比例乘以标准分。未开展开关常态化远方操作的，此项不得分	县调	10	依据《国调中心关于印发国家电网公司开关常态化远方操作工作指导意见的通知》（调调〔2014〕72号）规定：调控中心具备远方操作条件的开关与集中监控变电站内开关总数之比达100%。35kV及以下故障停运线路远方试送实际操作开关数量与应由调控中心远方操作开关数之比达98%，开展开关常态化远方操作	查阅调度日志、操作票、录音、文件资料，现场检查	调控中心具备远方操作条件的开关与集中监控变电站内开关总数之比没有达到100%的，得分为实际比例乘以标准分。未开展开关常态化远方操作的，此项不得分	必查项
1.9	设备状态在线监测	地调	5									

序号	评价项目	层面	标准分	评分标准	查证方法	评分方法	层面	标准分	评分标准	查证方法	评分方法	备注
1.9.1	设备状态在线监测告警信息管理	地调	5	依据《变电站设备监控信息规范》(企管〔2015〕976号),及时发现告警信息,通知相关单位处置。定期对设备状态在线监测告警信息及处置情况进行统计	查阅设备状态在线监测系统。检查从查评当月起前推12个自然月内在线监测分析报告	漏发现告警信息,每条扣20%标准分;发现告警信息未通知相关单位,扣20%标准分						
2	方式运行与管理	地调200分/县调170分										
2.1	负荷预测工作管理	地调	5									
2.1.1	短期系统负荷预测	地调	5	短期系统负荷预测准确率要达到: 1. 本网当日最大统调用电负荷在5000MW以上的,准确率为95%。 2. 本网当日最大统调用电负荷在5000MW以下的,准确率为92%	检查从查评当月起前推3个月省调发布的每月系统负荷预测准确率	负荷预测合格率比考核标准每低一个百分点,扣20%标准分,扣完为止						必查项

续表

序号	评价项目	层面	标准分	评分标准	查证方法	评分方法	层面	标准分	评分标准	查证方法	评分方法	备注
2.2	停电计划工作管理	地调	20				县调	55				
2.2.1	年度、月度、日前停电计划编制	地调	12	应进行调度管辖范围内设备年度、月度停电计划的编制工作，年度计划编制时需与相关部门进行统筹协调，月度计划编制时需与年度或季度计划相协调，计划编制均应有相应系统功能及规范业务流转并上线执行，设有县调的单位，地调负责审核、批准县调年度、月度停电计划，应按有关规定对日前停电申请书（工作票）	查阅年、月、日停电计划相关规定和流程；检查相关年度、月度、日前停电计划，检查与相关部门的协调记录、纪要等；跟踪检查流程执行情况	1. 未编制年度、月度停电计划，各扣25%标准分。 2. 年度、月度停电计划没有系统功能，各扣5%标准分。 3. 没有执行业务流程，各扣5%标准分。 4. 设有县调的单位，没有审核县调年度、月度停电计划，各扣5%标准分。 5. 年度计划未统筹协调的，扣5%标准分。 6. 日前停电计划没有执行业务流程，扣20%标准分。 7. 设有县调的单位，没有实现省地县三级一体化流转，扣20%标准分。 8. 功能不齐全，每缺少一项，扣5%标准分	县调	35	应进行调度管辖范围内设备年度、月度停电计划的编制工作，年度计划编制时需与相关部门进行统筹协调，月度计划编制时需与年度或季度计划相协调，计划编制均应有相应系统功能及规范业务流转并上线执行，设有县调的单位，地调负责审核、批准县调年度、月度停电计划，应按有关规定对日前停电申请书（工作票）。对于实施了地县集约化的地区，如果地调已经完成全市的年度、月度、日前停电计划等相关内容的编制，则不考核区、县调	查阅年、月、日停电计划相关规定和流程；检查相关年度、月度、日前停电计划，检查与相关部门的协调记录、纪要等；跟踪检查流程执行情况	1. 未编制年度、月度停电计划，各扣30%标准分。 2. 年度、月度停电计划没有系统功能各扣5%标准分，没有执行业务流程的，各扣5%标准分。 3. 没有交地调审核、批准县调年度、月度停电计划，各扣5%标准分。 4. 年度计划未统筹协调的，扣5%标准分。 5. 日前停电计划没有执行业务流程，扣20%标准分。 6. 设有县调的单位，没有实现省地县三级一体化流转，扣20%标准分。 7. 功能不齐全，每缺少一项，扣5%标准分	

续表

序号	评价项目	层面	标准分	评分标准	查证方法	评分方法	层面	标准分	评分标准	查证方法	评分方法	备注
2.2.2	停电计划刚性管理	地调	3	停电计划刚性管理满足以下要求：1.月度停电计划完成率≥95%。2.月度停电计划执行率≥95%。3.月度临时停电率≤3%。4.停电申请书（工作票）按时报送率≥99%	检查从查评当月起前推6个月的停电计划编制质量	有一项指标没达到规定标准的，扣20%标准分	县调	10	停电计划刚性管理满足以下要求：1.月度停电计划完成率≥90%。2.月度停电计划执行率≥90%。3.月度临时停电率≤5%。4.停电申请书（工作票）按时完成率≥95%。5.停电申请书（工作票）按时报送率≥95%	检查从查评当月起前推6个月的停电计划编制质量	有一项指标没达到规定标准的，扣20%标准分	必查项

序号	评价项目	层面	标准分	评分标准	查证方法	评分方法	层面	标准分	评分标准	查证方法	评分方法	备注
2.2.3	运行方式安排、日方式风险评估及危险点分析工作	地调	5	合理安排主、配网正常运行方式，正确安排检修方式；评估日运行方式所存在的安全风险，特别关注检修计划变更等特殊运行方式，进行危险点分析，必要时做补充计算，提出运行控制要点，并及时编制、发布电网风险预警	随机抽查检修申请单20份，检修方式安排合理性，检查日方式风险评估和危险点分析工作，检查电网风险预警单	1. 正常运行方式安排不合理，扣40%标准分。 2. 检修方式安排不合理，扣20%标准分。 3. 保护定值未根据方式变化及时调整，扣40%标准分。 4. 没有开展日方式风险评估和危险点分析工作，扣40%标准分。 5. 未发布电网风险预警，扣40%标准分	县调	10	合理安排电网正常运行方式，正确安排检修方式；评估日运行方式所存在的安全风险，特别关注检修计划变更等特殊运行方式，进行危险点分析，必要时做补充计算，提出运行控制要点，并及时编制、发布电网风险预警	随机抽查检修申请单20份，检修方式安排合理性，检查日方式风险评估和危险点分析工作	1. 正常运行方式安排不合理，扣40%标准分。 2. 检修方式安排不合理，扣20%标准分。 3. 保护定值未根据方式变化及时调整，扣40%标准分。 4. 没有开展日方式风险评估和危险点分析工作，扣40%标准分	
2.3	电网运行方式管理	地调	55				县调	15				

序号	评价项目	层面	标准分	评分标准	查证方法	评分方法	层面	标准分	评分标准	查证方法	评分方法	备注
2.3.1	年度方式编制及汇报	地调	10	应按照上级调控要求的时间、内容，每年统一组织地县年度主、配网运行方式的计算、安排、分析，方式报告的编制，并应按照上级调控要求向公司主要负责领导汇报	查阅年度方式报告及会议纪要	1. 未编制年度方式报告，不得分。 2. 编制时间、内容不满足要求，扣20%标准分。 3. 年方式编制未明确计算边界条件，扣20%标准分。 4. 未统一组织地县年度方式编制的，扣30%标准分。 5. 未汇报的，扣50%标准分	县调	10	应按照上级调控要求的时间、内容，配合编制配电网年度运行方式，并应按照上级调控要求向公司主要负责领导汇报。对于实施了地县集约化的地区，如果地调年度方式已经涵盖县调年度方式内容，县调可以不再单独编制年度方式报告	上级调控部门评估、查阅年度方式报告及查阅会议纪要	1. 未配合编制配网年度运行方式，不得分。 2. 上报不及时，扣20%标准分。 3. 内容不满足要求每处，扣5%标准分，扣完为止。 4. 未汇报的，扣50%标准分	必查项
2.3.2	开展电网运行方式安全风险分析	地调	8	应开展年度、月度电网运行方式风险分析工作，分析电网运行方式风险，并提出应对措施；应配合相关部门做好风险报备工作	查阅相关资料	1. 未开展风险报备工作，本项不得分。 2. 未开展电网运行方式风险分析工作，本项不得分。 3. 未提出应对措施的，扣50%标准分						

续表

序号	评价项目	层面	标准分	评分标准	查证方法	评分方法	层面	标准分	评分标准	查证方法	评分方法	备注
2.3.3	电网计算分析及对策	地调	37									
2.3.3.1	电网计算分析	地调	15	应对所辖电网至少每年进行一次在年度大方式下机组全开的电网短路电流计算及分析，在正常方式（含计划检修方式）下线路、母线、变压器、发电机组的 $N-1$ 潮流计算分析，在正常方式（含计划检修方式）下重要断面的 $N-2$ 潮流计算分析，制定相关措施；110kV 及以上并列或合环操作的线路进行并列或合环潮流的计算分析	查阅年度运行方式报告及有关资料	1. 未进行短路电流计算及分析，扣30%标准分。 2. 未进行正常方式（含计划检修方式）设备 $N-1$ 潮流计算分析，扣30%标准分，每少做1项，扣6%标准分。 3. 未进行正常方式（含计划检修方式）下重要断面的 $N-2$ 潮流计算分析，扣20%标准分；每少做1项，扣4%标准分。 4. 对并列或合环操作的线路未进行并列或合环潮流的计算分析，扣20%标准分；每少一条线路并列或合环计算分析的，扣4%标准分						

序号	评价项目	层面	标准分	评分标准	查证方法	评分方法	层面	标准分	评分标准	查证方法	评分方法	备注
2.3.3.2	地区电网2～3年规划滚动校核计算	地调	10	各地调应关注地区电网未来3年规划情况，组织地区2～3年电网规划滚动校核计算，编制分析报告，对电网规划提出建议	查阅相关资料	1. 未进行电网规划滚动校核计算，本项不得分。 2. 未编制分析报告，扣30%标准分						
2.3.3.3	地区电网分布式光伏承载力评估	地调	5	开展分布式光伏承载力评估计算，明确分布式电源造成220kV主变压器反送、地区可新增的分布式电源容量等结论；计算数据等结论应存档	查阅相关资料	1. 未开展分布式光伏承载力计算，本项不得分。 2. 未编制评估报告的，扣50%标准分。 3. 计算结果等内容未存档，扣30%标准分	县调	5	县调应配合地调开展分布式光伏承载力评估计算，明确分布式电源造成主变压器反送、可新增的分布式电源容量等结论；计算数据等结论应存档	查阅相关资料	1. 未开展分布式光伏承载力计算，本项不得分。 2. 未编制评估报告的，扣50%标准分。 3. 计算结果等内容未存档，扣30%标准分	
2.3.3.4	开展电网稳定运行分析	地调	5	应开展电网稳定运行分析，确定正常方式及正常检修方式下的送电极限功率	查阅电网稳定运行分析及检修计算分析报告	1. 未开展稳定运行分析，本项不得分。 2. 未考虑正常检修方式，不得分；每缺少一主要方式的稳定极限方案，扣50%标准分						必查项

167

序号	评价项目	层面	标准分	评分标准	查证方法	评分方法	层面	标准分	评分标准	查证方法	评分方法	备注
2.3.3.5	电网全部停电后黑启动方案	地调	2	应按照上级调控要求编制所辖电网全部停电后的黑启动方案并落实到各有关部门,且地调应根据电网的发展变化对黑启动方案定期进行检查和修订	查阅有关资料	1. 未按上级调控机构要求编制方案或方案不落实,本项不得分。 2. 未定期检查和修订黑启动方案,扣50%标准分						不具备黑启动能力的地调,此项不参评
2.4	电网安全自动装置	地调	20	根据电网结构并考虑最严重故障,合理装设电网安全自动装置;应安排足够的自动低频低压减负荷容量,低频低压减载装置动作后,所切负荷不得依靠备自投装置恢复送电;应按月开展低频低压减负荷统计分析,统计分析应基于在线统计功能开展;应对每次事故后低频低压减载切荷量进行分析,对存在的问题制定并落实整改措施	查阅年度运行方式报告、当年自动低频低压减负荷方案、调控EMS系统及相关资料	1. 需要装设系统解列装置而未全部装设,或未进行解列后的系统稳定和电力平衡校验计算,扣20%标准分。 2. 自动低频低压减负荷容量不足的,扣20%标准分;其中有一轮次切荷量不满足要求,扣12%标准分。 3. 装置所切负荷馈线有投备自投装置的,扣20%标准分。 4. 未开展低频低压减负荷统计分析,每月,扣4%;每缺少一份事故分析报告,扣8%标准分	县调	25	县调所辖变电站有低频低压减载装置的,应安排足够的自动低频低压减负荷容量,低频低压减载装置动作后,所切负荷不得依靠备自投装置恢复送电;应按月开展低频低压减载统计分析,统计分析应基于在线统计功能开展;应对每次事故后低频低压减载切荷量进行分析,对存在的问题制定并落实整改措施	查阅当年自动低频低压减负荷方案、调控EMS系统及相关资料	1. 自动低频低压减负荷容量不足的,扣15%标准分。 2. 其中有一轮次切荷量不满足要求,扣10%标准分。 3. 装置所切负荷馈线有投备自投装置的,扣10%标准分	

序号	评价项目	层面	标准分	评分标准	查证方法	评分方法	层面	标准分	评分标准	查证方法	评分方法	备注
2.5	无功及电压管理	地调	20	应在年度运行方式计算分析中进行无功平衡的计算分析及系统大、小方式下及重大检修方式变化时的电压计算分析，对所辖电网220kV及以下厂站电压进行监测、统计并考核，调度管辖范围内厂站电压合格率应达到99.5%及以上；定期对AVC主站安全约束、控制策略和动作效果进行分析，编制分析报告，对存在的问题及时制定并督促相关专业部门落实整改措施；AVC系统应能实现上下级协调控制，应制定AVC系统协调	查阅年度运行方式报告及有关资料、现场查看	1. 未进行无功平衡计算分析，扣12%标准分。 2. 补偿容量不足且功率因数不达标，扣6%标准分。 3. 由于分析、督促不力致使无功补偿设备不能正常运行或出现不合理的运行方式，扣2%标准分。 4. 未进行电压计算，扣12%标准分；电压考核点未达到全部电压监测点，扣6%标准分。 5. 没有制定电压统计与考核管理办法，扣6%标准分。 6. 调度管辖范围内统调厂站电压合格率未达到99.5%的，扣12%标准分。 7. 没有对AVC主站安全及控制策略进行分析，扣16%标准分。						

续表

序号	评价项目	层面	标准分	评分标准	查证方法	评分方法	层面	标准分	评分标准	查证方法	评分方法	备注
2.5	无功及电压管理	地调	20	控制管理规定或执行上级管理规定	查阅年度运行方式报告及有关资料、现场查看	8. 没有完成整改措施，扣10%标准分。9. 未实现AVC系统上下级协调控制，扣16%标准分。10. 未制定或执行上级AVC系统上下级协调控制管理规定，扣10%标准分						
2.6	前期规划及基建投产管理	地调	10	应参加电网新建、改扩建工程的前期可研及初设审查工作，应按照本网设备编号和命名规则，以文件形式下发相关设备的命名编号及调控管辖范围，应按有关规定编制启动方案并严格执行新设备启动流程，应定期编制和及时更新所辖电网发电厂、变电站一次设备接线图	查阅有关资料	1. 未参加电网发展规划、前期审查工作或未及时反馈意见，扣20%标准分。2. 未制定本网设备命名编号规则，扣10%标准分。3. 没有按要求下发文件，扣4%标准分。4. 未编制启动方案并及时下发，每出现一次，扣20%标准分。	县调	30	应参加电网发展规划，参加电网新建、改扩建工程的前期可研及初设审查工作，应按照本网设备编号和命名规则，以文件形式下发相关设备的命名编号及调控管辖范围，应按有关规定编制启动方案并严格执行新设备启动流程，应定期编制和及时更新所辖电网发电厂、变电站一次设备接线图	查阅有关资料	1. 未参加前期审查工作或未及时反馈意见，扣20%标准分。2. 未制定本网设备命名编号规则，扣10%标准分。3. 没有按要求下发文件，扣4%标准分。4. 未编制启动方案并及时下发，每出现一次，扣20%标准分。	

序号	评价项目	层面	标准分	评分标准	查证方法	评分方法	层面	标准分	评分标准	查证方法	评分方法	备注
2.6	前期规划及基建投产管理	地调	10	应参加电网新建、改扩建工程的前期可研及初设审查工作,应按照本网设备编号和命名规则,以文件形式下发相关设备的命名编号及调控管辖范围,应按有关规定编制启动方案并严格执行新设备启动流程,应定期编制和及时更新所辖电网发电厂、变电站一次设备接线图	查阅有关资料	5. 启动方案出现重大差错,每次扣20%标准分。 6. 未编制接线图或未及时更新,每次扣20%标准分。 7. 未制定调控部门新设备启动流程或未执行上级部门制定的新设备启动流程,扣20%标准分。流程执行不到位,扣10%标准分	县调	30	应参加电网发展规划,参加电网新建、改扩建工程的前期可研及初设审查工作,应按照本网设备编号和命名规则,以文件形式下发相关设备的命名编号及调控管辖范围,应按有关规定编制启动方案并严格执行新设备启动流程,应定期编制和及时更新所辖电网发电厂、变电站一次设备接线图	查阅有关资料	5. 启动方案出现重大差错,每次扣20%标准分。 6. 未编制接线图或未及时更新,每次扣20%标准分。 7. 未制定调控部门新设备启动流程或未执行上级部门制定的新设备启动流程,扣20%标准分。流程执行不到位,扣10%标准分	
2.7	电力系统参数管理	地调	10	各地调应建立电力系统参数库,要求能够满足年度方式、2~3年滚动规划计算等工作的需求	查阅有关资料	未建立电力系统参数库的,扣20%标准分	县调	30	县调应配合地调做好电力系统参数库的数据收集工作	查阅有关资料	未配合地调收集参数,或参数不完整的,扣20%标准分	

序号	评价项目	层面	标准分	评分标准	查证方法	评分方法	层面	标准分	评分标准	查证方法	评分方法	备注
2.8	地方电厂及用户管理	地调	60				县调	15	协助上级调控机构开展分布式电源调控管理,督促协调有关分布式电源签订并网调控协议等服务工作	查阅有关资料	未开展该项工作,本项不得分;未督促协调有关分布式电源签订并网调控协议等服务工作的,每少一次,扣 0.5 分,本项扣完为止	
2.8.1	"三公"调控信息发布	地调	10	应按电力监管机构的要求收集、整理并定期发布"三公"调控信息	检查调控机构"三公"调控发布信息	如果没有按要求报送全部"三公"调控信息,每缺少一项,扣 20%标准分						必查项
2.8.2	水电及新能源调控管理	地调	50									
2.8.2.1	水文气象情报收集及预报	地调	10	应收集并分析有关水文信息,为水力发电预测分析做好支撑工作	查阅有关资料	没有收集本项不得分,收集不全的,每缺少一项,扣 10%标准分,本项扣完为止						无水电和新能源的地调,此项不参评

序号	评价项目	层面	标准分	评分标准	查证方法	评分方法	层面	标准分	评分标准	查证方法	评分方法	备注
2.8.2.2	水库发电调控	地调	10	应编制直调电站年、月、日发电计划,不发生因调控机构原因使水库水位偏离分期允许最高水位的情况	查阅运行资料	1. 年、月、日、特殊时期计划,每缺少一类,扣5%标准分。 2. 每类计划内容不齐,扣2%标准分。 3. 每查到一次未及时调整日发电计划,扣1%标准分,本项,扣完50%标准分为止。 4. 每发生一次水库水位越限,扣10%标准分,本项,扣完50%标准分为止						未从事水库发电调度的地调,此项不参评

序号	评价项目	层面	标准分	评分标准	查证方法	评分方法	层面	标准分	评分标准	查证方法	评分方法	备注
2.8.2.3	分布式电源调控	地调	10	统一开展10kV及以上电源并网调控管理；参与电源接入方案审查，组织并网验收、调管设备命名、电源并网调度协议签订、计划编制及实时调度业务；配调（县调）组织调管分布式电源值班人员或调度业务联系人资格考试。负责调度管辖范围内涉网保护专业管理；参与10kV及以上电压等级业扩与分布式电源接入审查	查阅有关资料	1. 未开展该项工作，本项不得分。 2. 未督促协调有关分布式电源签订并网调度协议等服务工作的，每少一次，扣10%标准分，本项扣完为止						

序号	评价项目	层面	标准分	评分标准	查证方法	评分方法	层面	标准分	评分标准	查证方法	评分方法	备注
2.8.2.4	水电及新能源运行分析	地调	6	1. 根据上级调度要求编制年度水电和新能源调控运行总结。2. 按时上报年度、季度、月度水电及新能源调控运行信息。3. 及时整理、汇编和归档应归档水电和新能源基础资料	查阅有关资料	1. 未按上级调度编制年运行总结，扣10%标准分。2. 未按上级调度要求编制年工作总结，扣5%标准分。3. 运行分析项目不齐全或未按时上报，每次扣5%标准分，本项，扣完50%标准分为止。4. 对应归档水电和分布式电源基础资料缺少一项资料，扣5%标准分。5. 没有采用电子化管理的，扣10%标准分						无水电、新能源的地区，该项不参与评分

序号	评价项目	层面	标准分	评分标准	查证方法	评分方法	层面	标准分	评分标准	查证方法	评分方法	备注
2.8.2.5	智能电网调度控制系统水电及新能源应用模块	地调	6	应具备水电及分布式电源调控数据及资料管理功能，应具备水电及分布式电源运行监测分析功能，总装机超过 50MW 或重点水电厂应建设水情自动测报系统，其余直调水电厂应装备水情自动采集装置	在相应画面上进行相关功能验证及查阅有关资料	1. 无水电及分布式电源调控数据及资料管理功能，扣 40%标准分，该功能每缺一项扣 8%标准分。 2. 无水电及分布式电源运行监测分析功能，扣 40%标准分；该功能不齐全，每缺一项，扣 8%标准分。 3. 水电厂水情自动测报系统未按要求建设，每缺一个直调水电厂，扣 2%标准分，扣完 20%标准分为止。 4. 未要求建设水调模块或水调系统的地调，此项不参评						

序号	评价项目	层面	标准分	评分标准	查证方法	评分方法	层面	标准分	评分标准	查证方法	评分方法	备注
2.8.2.6	水电及新能源专业管理	地调	8	每年应组织本单位水电及新能源专业人员下现场，全面了解掌握电网内小水电和分布式电源分布情况、装机及水库基本情况等，执行上级调度制定的小水电并网运行管理办法、分布式电源并网运行管理办法等相关制度标准，应对下级调控机构的水电及新能源调控管理进行专业指导	查阅有关记录	1. 未组织专业人员下现场，扣30%标准分。2. 未掌握电网内水电和分布式电源基本情况的，扣20%标准分。3. 未执行上级调度制定的水电和分布式电源并网运行管理办法的，扣20%标准分；未对下级调控机构进行专业指导，扣30%标准分						

序号	评价项目	层面	标准分	评分标准	查证方法	评分方法	层面	标准分	评分标准	查证方法	评分方法	备注
3	继电保护运行与管理	地调190分/县调170分										
3.1	继电保护及安全自动装置配置及运行指标	地调	60	1. 地区调控机构应认真执行各项技术规范，依据标准规范编制本单位配电网继电保护配置实施细则。 2. 继电保护各项运行指标完好，管辖范围内继电保护正确动作率为100%。 3. 故障录波完好率为100%；110kV及以下系统主保护投运率100%。	对照设备，查阅有关台账、图纸和记录资料，检查保护及安全自动装置实际配置情况	1. 无相关台账、图纸和记录资料，不得分。 2. 主保护配置或选型不符合规程规定和反措要求，不得分。 3. 后备保护配置或选型不符合规定，每项扣5%标准分，扣完为止；配置或选型存在严重问题，该项不得分。每项指标不满足要求，扣10%标准分。 4. 110kV及以下线路、变压器、母线运行中，任一套主保护非计划停运超过24h的，每次扣5%标准分。 5. 设备有超检验周期，按超期率×50%标准分扣除。	县调	50	1. 县级调控机构应认真执行各项技术规范。	对照设备，查阅有关台账、图纸和记录资料，检查保护及安全自动装置实际配置情况	1. 无相关台账、图纸和记录资料，不得分。 2. 主保护配置或选型不符合规程规定和反措要求，不得分；后备保护配置或选型不合理，每项扣5%标准分，扣完为止。	必查项（专业管理划归市公司的，相关资料由市公司提供）

序号	评价项目	层面	标准分	评分标准	查证方法	评分方法	层面	标准分	评分标准	查证方法	评分方法	备注
3.1	继电保护及安全自动装置配置及运行指标	地调	60	4. 保护设备及安全自动装置无超检验周期现象	对照设备,查阅有关台账、图纸和记录资料,检查保护及安全自动装置实际配置情况	6. 管辖范围内继电保护正确动作率为100%,每发现一次不正确动作,扣5%标准分。 7. 故障录波运行完好,每发现一台超期退出运行,扣5%标准分	县调	50	2. 继电保护各项运行指标完好,管辖范围内继电保护正确动作率为100%	对照设备,查阅有关台账、图纸和记录资料,检查保护及安全自动装置实际配置情况	3. 配置选型存在严重问题,该项不得分;每项指标不满足要求,扣10%标准分	必查项(专业管理划归市公司的,相关资料由市公司提供)
3.2	定值整定管理	地调	60	1. 建立完善的地县调继电保护整定工作一体化管理体系。 2. 按要求编制下发继电保护整定计算及定值管理相关规定。 3. 建立全网统一协调的继电保护整定原则;整定范围划分合理、明确;参数、说明书(对应软件版本)、图纸资料、界面定值等整定资料齐全。	检查整定工作管理体系。检查相应的活动记录;查阅继电保护整定计算方案;查阅继电保护整定计算资料及定值通知单	1. 管理制度不完善或执行不严格,扣10%标准分。 2. 未建立地调继电保护定值相关管理细则的,扣10%标准分。 3. 整定原则全网未统一协调的,扣10%标准分。 4. 整定范围未明确或划分不合理或范围有漏洞的,扣10%标准分。	县调	40	1. 配合建立完善的地县调继电保护整定工作一体化管理体系。 2. 在地调组织下进行保护定值计算与定值单编制、下发。 3. 参数、说明书(对应软件版本)、图纸资料、界面定值等整定资料齐全。 4. 定期进行定值核算,组织核对	检查整定工作管理体系	1. 管理制度执行不严格,扣10%标准分。 2. 整定资料欠缺,扣5%标准分。 3. 未定期开展定值核算、核对活动,扣10%标准分	必查项(专业管理划归市公司的,相关资料由市公司提供)

序号	评价项目	层面	标准分	评分标准	查证方法	评分方法	层面	标准分	评分标准	查证方法	评分方法	备注
3.2	定值整定管理	地调	60	4. 定期进行定值核算,组织核对。 5. 编制本电网年度继电保护整定方案,并按要求明确主变压器中性点接地方式。若遇有运行方式较大变化或重要设备变更时,应及时编制继电保护整定方案,且审批手续符合要求并全面落实	检查整定工作管理体系。检查相应的活动记录;查阅继电保护整定计算方案;查阅继电保护整定计算资料及定值通知单	5. 整定资料欠缺,扣5%标准分;未定期开展定值核算、核对活动的,扣10%标准分。 6. 未编制年度整定方案,扣50%标准分;未明确主变压器中性点接地方式的,扣5%标准分。审批手续不全或方案不完善,扣5%标准分;有一项整定方案落实不到,扣5%标准分	县调	40				
3.3	电网运行管理	地调	30	1. 制定明确的继电保护电网运行规定且及时修订。全网继电保护设备命名规范且严格执行。 2. 电网检修计划、检修申请单、电网安全措施、新设备启动方案等会商、审核到位。	查阅地调的继电保护运行规定,检查检修申请单、调度令等执行情况;检查OMS相关模块,查阅专业会签记录;查阅各次安全检查、隐患排查及隐患治理记录	1. 未制定明确的继电保护电网运行规定,不得分;未及时修订,扣20%标准分。 2. 应会签的电网检修申请单、新设备启动方案未会签的,或会签内容错误的,每次扣5%标准分。	县调	40	1. 执行上级制定的明确的继电保护电网运行规定、继电保护设备命名规范。 2. 电网检修计划、检修申请单、电网安全措施、新设备启动方案等会商、审核到位。	检查检修申请单、调度令等执行情况;检查OMS相关模块,查阅专业会签记录。查阅各次安全检查、隐患排查及隐患治理记录	1. 继电保护运行规定执行不严,扣10%标准分。 2. 应会签的电网检修申请单、新设备启动方案未会签的,或会签内容错误的,每次扣5%标准分。	必查项(专业管理划归市公司的,相关资料由市公司提供)

序号	评价项目	层面	标准分	评分标准	查证方法	评分方法	层面	标准分	评分标准	查证方法	评分方法	备注
3.3	电网运行管理	地调	30	3. 开展电网运行安全分析及安全检查,安全隐患治理及时。4. 认真梳理核查运维和调管范围内每一台涉及家族性缺陷的装置是否均制定整改计划,是否按计划完成整改,未整改的是否按制定的整改计划推进	查阅地调的继电保护运行规定,检查检修申请单、调度令等执行情况;检查OMS相关模块,查阅专业会签记录;查阅各次安全检查、隐患排查及隐患治理记录	3. 因运行规定、检修申请单、新设备启动方案中继电保护专业问题导致电网运行出现七级及以上事件的,扣20%标准分。4. 安全检查、隐患排查及隐患治理不及时,记录不完整的,每发现一项,扣5%标准分。5. 家族性缺陷的装置未按计划完成整改,未整改的没有按制定的整改计划推进,每发现一项,扣5%标准分	县调	40	3. 开展电网运行安全分析及安全检查,安全隐患治理及时。4. 认真梳理核查运维和调管范围内每一台涉及家族性缺陷的装置是否均制定整改计划,是否按计划完成整改,未整改的是否按制定的整改计划推进	检查检修申请单、调度令等执行情况;检查OMS相关模块,查阅专业会签记录。查阅各次安全检查、隐患排查及隐患治理记录	3. 因运行规定、检修申请单、新设备启动方案中继电保护专业问题导致电网运行出现七级及以上事件的,扣20%标准分。4. 安全检查、隐患排查及隐患治理不及时,记录不完整的,每发现一项,扣5%标准分。5. 家族性缺陷的装置未按计划完成整改,未整改的没有按制定的整改计划推进,每发现一项,扣5%标准分	必查项(专业管理划归市公司的,相关资料由市公司提供)
3.4	继电保护及安全自动装置管理	地调	10									

序号	评价项目	层面	标准分	评分标准	查证方法	评分方法	层面	标准分	评分标准	查证方法	评分方法	备注
3.4.1	软件版本管理	地调	10	1. 统一管理直接管辖范围内微机继电保护装置的软件版本，建立软件版本档案。软件版本变更有说明，相关记录完整、清楚。 2. 应对智能变电站 SCD、CID 文件进行有效管理。 3. 把好现场软件修改关口。现场软件修改需具备完整的相应调控部门审批手续后，保护班组才能配合实施。 4. 升级完成后，要经必要的测试和传动验证后，方投入运行	查阅管理系统相关模块。抽查部分保护装置实际版本与要求版本的一致性。抽查智能变电站 SCD、CID 等文件的管理	1. 未进行软件版本管理，不得分。 2. 软件版本未通过入网检测、版本升级执行不严格的，扣 10%标准分。 3. 实际版本与要求版本不一致的，每发现一项，扣 5%标准分。 4. 智能变电站 SCD、CID 等文件未进行管理的，每发现一项，扣 5%标准分						必查项

序号	评价项目	层面	标准分	评分标准	查证方法	评分方法	层面	标准分	评分标准	查证方法	评分方法	备注
3.5	电厂及大用户管理	地调	30	1. 参与并网电厂及高压大用户工程可研及初设审查、相关设备技术参数确定和设备配置选型等工作,满足电网运行要求。 2. 首次并网前,参与并网电厂及高压大用户工程验收。 3. 与并网电厂及高压大用户相互配合进行保护定值计算,整定原则协调,整定范围双方明确,所有涉网定值报调控部门备案。 4. 对管辖范围内的并网电厂及高压大用户开展技术监督及不正确动作分析工作,督导并网电厂及高压大用户完成不满足要求项目的整改	检查并网电厂与大用户的继电保护配置;查阅资料;检查地调继电保护专业管理信息模块	1. 管辖范围内的并网电厂及大用户继电保护配置不满足电网运行要求的,扣 5%标准分。 2. 并网电厂及大用户整定范围未明确或范围有漏洞的,扣5%标准分。 3. 整定原则不协调或定值不配合的,扣5%标准分。 4. 整定资料欠缺,扣 5%标准分	县调	40	1. 参与高压大用户接入工作,明确高压大用户涉及的保护配置、设备选型要求。 2. 与管辖范围内的并网电厂及高压大用户相互配合进行保护定值计算,整定原则协调,整定范围双方明确。高压大用户涉网定值报调控部门备案	检查并网电厂与大用户的继电保护配置;查阅资料;检查县调继电保护专业管理信息模块	1. 管辖范围内的并网电厂及大用户继电保护配置不满足电网运行要求的,扣5%标准分。 2. 并网电厂及大用户整定范围未明确或范围有漏洞的,扣5%标准分。 3. 整定原则不协调或定值不配合的,扣5%标准分。 4. 整定资料欠缺,扣5%标准分	必查项(专业管理划归市公司的,相关资料由市公司提供)

序号	评价项目	层面	标准分	评分标准	查证方法	评分方法	层面	标准分	评分标准	查证方法	评分方法	备注
4	调度自动化运行与管理		地调 200 分/县调 190 分									
4.1	技术支持保障能力	地调	95				县调	90				
4.1.1	实时监控与预警类应用要求	地调	20				县调	30				
4.1.1.1	电网运行稳态监视	地调	10	1. 具有实用的事件告警、事件顺序记录（SOE）、事故追忆和反演（PDR）、动态网络着色、设备越限告警、事故推画面、极值潮流等功能。 2. 实现对全网及分区低频低压减载、限电序位负荷容量的在线监测。按照电网调度运行分析制度要求，实现断面潮流越稳定限额或越限告警，实现故障和事故前后的完整记录，并能够方便地进行事件反演	现场查看	1. 电网调度运行分析制度要求的各项监视功能不具备，不得分。 2. 所列电网运行稳态监视各类功能任一项不具备，扣20%标准分	县调	30	1. 具有实用的事件告警、事件顺序记录（SOE）、事故追忆和反演（PDR）、动态网络着色、设备越限告警、事故推画面、极值潮流等功能。 2. 实现对全网及分区低频低压减载、限电序位负荷容量的在线监测。按照电网调度运行分析制度要求，实现断面潮流越稳定限额或频率越限告警，实现故障和事故前后的完整记录，并能够方便地进行事件反演	现场查看	1. 电网调度运行分析制度要求的各项监视功能不具备，不得分。 2. 所列电网运行稳态监视各类功能任一项不具备，扣20%标准分	必查项

序号	评价项目	层面	标准分	评分标准	查证方法	评分方法	层面	标准分	评分标准	查证方法	评分方法	备注
4.1.1.2	高级应用功能	地调	10	1. 具有状态估计功能：调度管辖范围内遥测估计合格率≥98%（遥测估计值误差有功≤2%，无功≤3%），电压残差平均值≤1.5kV。 2. 具备调度员潮流功能：调度员潮流月合格率≥95%，调度员潮流计算结果误差≤1.5%。 3. 具备调度员培训模拟（DTS）功能并可应用	现场调看系统功能演示。核实6个月遥测估计合格率指标的完成情况，抽测1～2个断面，计算电压残差平均值指标的完成情况	1. 不具有状态估计功能，不得分；遥测估计合格率低于98%，扣20%标准分。 2. 电压残差平均值高于1.5kV，扣10%标准分。 3. 不具有调度员潮流功能，不得分；调度员潮流计算结果误差高于1.5%，每高0.1个百分点，扣10%标准分。 4. DTS未与电网运行稳态监视和网络分析应用互联，不得分。 5. 不能直接采用电网运行稳态监视实时数据，扣20%标准分						必查项

序号	评价项目	层面	标准分	评分标准	查证方法	评分方法	层面	标准分	评分标准	查证方法	评分方法	备注
4.1.2	调度计划类应用要求	地调	20									
4.1.2.1	负荷预测	地调	6	实现系统负荷预测和母线负荷预测功能，具备短期和超短期预测、气象因素影响分析、历史及预测负荷数据修正、负荷稳定性分析、负荷模型管理、误差分析和考核、预测数据发布及上报等功能	现场查看画面和查看历史记录、历料	1. 不具备系统负荷预测或母线负荷预测功能，不得分。2. 各项子功能任一项不具备，扣10%标准分。3. 预测月可用率低于100%，扣20%标准分						
4.1.2.2	检修计划	地调	6	1. 应支持从调度管理类应用导入检修申请，并对检修申请进行调整确认形成初始检修计划，用于检修计划安全校核。2. 进行检修计划执行率分析，支持检修计划导出，应能将检修计划导出到调度管理类应用	现场查看画面和历史记录、历史资料	1. 不支持检修申请导入、导出，扣20%标准分。2. 不支持检修计划执行率分析，扣20%标准分；不支持检修计划安全校核，不得分						

186

续表

序号	评价项目	层面	标准分	评分标准	查证方法	评分方法	层面	标准分	评分标准	查证方法	评分方法	备注
4.1.2.3	电能量计量	地调	8	对母线、线路、变压器的电量损耗进行平衡分析	现场查看画面和历史记录、历史资料	不支持平衡分析，扣100%标准分						
4.1.3	调度管理类应用要求	地调	30				县调	24				
4.1.3.1	基础数据管理功能	地调	10	具备组织机构管理，人员信息管理，厂站数据管理，一、二次设备数据管理，调度主站设备管理，文档资料管理等功能	现场查看	1. 不具备基础数据管理功能，不得分。2. 每缺少一项子功能，扣20%标准分	县调	8	具备组织机构管理，人员信息管理，厂站数据管理，一、二次设备数据管理，调度主站设备管理，文档资料管理等功能	现场查看	1. 不具备基础数据管理功能，不得分。2. 每缺少一项子功能，扣20%标准分	
4.1.3.2	设备运行和检修管理功能	地调	10	具备设备参数管理、基建项目调度工作管理、定值单管理、设备缺陷管理、一次设备检修计划编制、检修申请和审批、二次设备检修申请和审批等功能	现场查看	每缺少一项子功能，扣20%标准分	县调	8	具备设备参数管理、基建项目调度工作管理、定值单管理、设备缺陷管理、一次设备检修计划编制、检修申请和审批、二次设备检修申请和审批等功能	现场查看	每缺少一项子功能，扣20%标准分	

续表

序号	评价项目	层面	标准分	评分标准	查证方法	评分方法	层面	标准分	评分标准	查证方法	评分方法	备注
4.1.3.3	运行值班及专业管理模块	地调	5	1. 具备操作票管理、应急预案管理、事故报告管理、拉限电管理、调度安全管理等功能。 2. 具备调度日志、监控日志、自动化运行日志等功能模块。 3. 调度倒闸操作流程、配电网电子接线图异动管理等核心业务流程上线流转	现场查看	1. 不具备专业管理功能，不得分；每缺少一项子功能，扣20%标准分。 2. 不具备流程管理功能，不得分。 3. 上级调度统一制定的核心业务流程，任何一个未上线或不能正常流转审批，不得分	县调	8	1. 具备操作票管理、应急预案管理、事故报告管理、拉限电管理、调度安全管理等功能。 2. 具备调度日志、监控日志、自动化运行日志等功能模块。 3. 调度倒闸操作流程、配电网电子接线图异动管理等核心业务流程上线流转	现场查看	1. 不具备专业管理功能，不得分；每缺少一项子功能，扣20%标准分。 2. 不具备流程管理功能，不得分。 3. 上级调度统一制定的核心业务流程，任何一个未上线或不能正常流转审批，不得分	必查项
4.1.3.4	信息展示与发布	地调	5	具备电网运行信息、生产统计信息、调度系统动态、专业管理信息的展示与发布等功能	现场查看	1. 不具备信息展示与发布功能，不得分。 2. 少一项子功能，扣20%标准分						
4.1.4	配电自动化系统功能要求	地调	25				县调	36				

序号	评价项目	层面	标准分	评分标准	查证方法	评分方法	层面	标准分	评分标准	查证方法	评分方法	备注
4.1.4.1	主站系统基本功能	地调	10	1. 实现数据采集与运行监控。2. 配网终端信息采集应实现100%直采直送。3. 主站系统应具备模型/图形管理,馈线自动化,拓扑分析(拓扑着色、负荷转供、停电分析等),配电故障研判、抢修指挥等功能;与主网调度自动化系统、GIS、PMS2.0、营销管理系统等系统交互应用	现场查看	1. 未实现数据采集与运行监控功能,不得分。2. 配网二遥、三遥终端数据采集未实现100%直采直送的,每降低1%,扣5%标准分,扣完为止。3. 未实现模型/图形管理、馈线自动化、拓扑分析功能,每缺少一项子功能,扣20%标准分;与主网调度自动化系统、GIS、PMS2.0 等系统交互应用功能,每缺少一项子功能,扣20%标准分	县调	12	1. 实现数据采集与运行监控。2. 主站系统应具备模型/图形管理,馈线自动化,拓扑分析(拓扑着色、负荷转供、停电分析等),配电故障研判、抢修指挥等功能;与主网调度自动化系统、GIS、PMS2.0、营销管理系统等系统交互应用	现场查看	1. 未实现数据采集与运行监控功能,不得分。2. 未实现模型/图形管理、馈线自动化、拓扑分析功能,每缺少一项子功能,扣20%标准分;与主网调度自动化系统、GIS、PMS2.0 等系统交互应用功能,每缺少一项子功能,扣20%标准分	必查项

续表

序号	评价项目	层面	标准分	评分标准	查证方法	评分方法	层面	标准分	评分标准	查证方法	评分方法	备注
4.1.4.2	主站系统管理	地调	5	系统功能配置管理及系统运维分工管理应按照公司相关规章制度执行	现场查看	1. 生产控制大区部署和使用基于WEBSE-RVICE等通用协议的总线或应用功能的,不得分。 2. 在调度自动化机房部署、运维非调度使用的安全Ⅳ区系统或功能不得分						
4.1.4.3	系统指标要求	地调	5	1. 配电主站月平均运行率≥99.9%。 2. 配网调度管辖范围内,各类接线图及模型覆盖率达到100%	查阅有关运行日志和运行统计报表	指标低于评分标准值,每降低1%,扣5%标准分,扣完为止	县调	12	1. 配电主站月平均运行率≥99.9%。 2. 配网调度管辖范围内,各类接线图及模型覆盖率达到100%	查阅有关运行日志和运行统计报表	指标低于评分标准值,每降低1%,扣5%标准分,扣完为止	
4.1.4.4	配网接线图标准化、电子化应用	地调	5	1. 实现配网接线图及模型的标准化、电子化应用。 2. 具备完整的配网电子接线图,具备拓扑着色功能,能通过自动采集或人工置位等手段设置遥信状态,实现"图物相符、状态一致"	现场查看	1. 未实现具备完整的配网电子接线图及模型,实现"图物相符",扣50%标准分。 2. 未实现配网接线图具备拓扑着色功能,并能通过自动采集或人工置位等手段实现"状态一致",扣50%标准分	县调	12	1. 实现配网接线图及模型标准化、电子化应用。 2. 具备完整的配网电子接线图,具备拓扑着色功能,能通过自动采集或人工置位等手段设置遥信状态,实现"图物相符、状态一致"	现场查看	1. 未实现具备完整的配网电子接线图及模型,实现"图物相符",扣50%标准分。 2. 未实现配网接线图具备拓扑着色功能,并能通过自动采集或人工置位等手段实现"状态一致",扣50%标准分	必查项

序号	评价项目	层面	标准分	评分标准	查证方法	评分方法	层面	标准分	评分标准	查证方法	评分方法	备注
4.2	基础保障能力	地调	80				县调	70				
4.2.1	主站系统要求	地调	48				县调	38				
4.2.1.1	调度自动化系统运行可靠性	地调	10	1. 调度自动化系统主站系统主要功能节点应采用冗余双机配置。 2. 系统容量配置与利用率、CPU 负载应合理。 3. 能够具备对各个系统主站服务器软、硬件以及环境在线监测和必需的声响告警装置功能，且告警有解决预案	现场查看	1. 每发现一个主站系统主要功能节点采用单机配置，扣50%标准分。 2. 调度自动化系统或 EMS 主机 CPU 负荷率在电力系统正常情况下任意 30min 内大于 40%，或在电力系统事故状态下任意 10s 内大于 60%，扣50%标准分。 3. 无自动化运行监测系统或功能，扣50%标准分。 4. 现场测试，有一项功能有问题，扣50%标准分	县调	10	1. 调度自动化系统主站系统主要功能节点应采用冗余双机配置。 2. 系统容量配置与利用率、CPU 负载应合理。 3. 能够具备对各个系统主站服务器软、硬件以及环境在线监测和必需的声响告警装置功能，且告警有解决预案	现场查看	1. 每发现一个主站系统主要功能节点采用单机配置，扣50%标准分。 2. 调度自动化系统或 EMS 主机 CPU 负荷率在电力系统正常情况下任意 30min 内大于 40%，或在电力系统事故状态下任意 10s 内大于 60%，扣50%标准分。 3. 无自动化运行监测系统或功能，扣50%标准分。 4. 现场测试，有一项功能有问题，扣50%标准分	必查项

序号	评价项目	层面	标准分	评分标准	查证方法	评分方法	层面	标准分	评分标准	查证方法	评分方法	备注
4.2.1.2	配电自动化系统建设、验收管理	地调	10	1. 配电自动化系统建设模式及功能设置应符合国调中心相关文件要求。 2. 配电自动化系统通过省调组织的系统验收	查看相关文件	1. 配电自动化系统建设模式或功能设置不符合国调中心相关文件要求，不得分。 2. 未制定配电自动化系统交接验收细则、未经省调组织系统验收、验收未报批，不得分						
4.2.1.3	通信通道要求	地调	10	调度管辖范围内的重要发电厂和变电站（110kV及以上）的自动化设备至调度主站应具有两路不同路由的通信通道（主/备双通道）	现场查看厂站监视画面	每有一个厂站不具有两路不同路由通信通道（主/备双通道），扣10%标准分	县调	10	调度管辖范围内的重要发电厂和变电站（110kV及以上）的自动化设备至调度主站应具有两路不同路由的通信通道（主/备双通道）	现场查看厂站监视画面	每有一个厂站不具有两路不同路由通信通道（主/备双通道），扣10%标准分	必查项
4.2.1.4	主站系统供电电源、接地	地调	10	1. 主站系统应配备专用的不间断电源装置（UPS）供电，不应与信息系统、通信系统合用电源。	现场查看和查阅UPS电源系统维护记录	1. 主站系统不配备专用的UPS，本项不得分。 2. UPS只采用一路交流供电线路供电，本项不得分。	县调	10	1. 主站系统应配备专用的不间断电源装置（UPS）供电，不应与信息系统、通信系统合用电源。	现场查看和查阅UPS电源系统维护记录	1. 主站系统不配备专用的UPS，本项不得分。 2. UPS只采用一路交流供电线路供电，本项不得分。	必查项

续表

序号	评价项目	层面	标准分	评分标准	查证方法	评分方法	层面	标准分	评分标准	查证方法	评分方法	备注
4.2.1.4	主站系统供电电源、接地	地调	10	2. UPS 的交流供电电源应采用两路来自不同电源点供电。 3. UPS 电源应主/备冗余配置，任一台容量在带满主站系统全部设备后，应留有 40%以上的供电容量。 4. UPS 在交流电消失后，主调系统不间断供电维持时间应不小于 2h，备调系统应不小于 1h。 5. 运行设备供电电源应采用分路独立开关供电。 6. 主站机房应具有符合规范的接地系统，由具备资质的机构出具的测试报告。接地检测报告每年完成一次	现场查看和查阅 UPS 电源系统维护记录	3. UPS 电源没有主/备冗余配置，扣 50%标准分。 4. UPS 电源装置在带满主站全部设备后，剩余容量小于 40%，扣 50%标准分；在交流电消失后，UPS 在满负荷情况下不间断供电维持时间不满足要求，扣 50%标准分。 5. 电源没有采用分路独立开关供电，扣 50%标准分。 6. 接地检测报告不满足要求，扣 20%标准分	县调	10	2. UPS 的交流供电电源应采用两路来自不同电源点供电。 3. UPS 电源应主/备冗余配置，任一台容量在带满主站系统全部设备后，应留有 40%以上的供电容量。 4. UPS 在交流电消失后，主调系统不间断供电维持时间应不小于 2h，备调系统应不小于 1h。 5. 运行设备供电电源应采用分路独立开关供电	现场查看和查阅 UPS 电源系统维护记录	3. UPS 电源没有主/备冗余配置，扣 50%标准分。 4. UPS 电源装置在带满主站全部设备后，剩余容量小于 40%，扣 50%标准分；在交流电消失后，UPS 在满负荷情况下不间断供电维持时间不满足要求，扣 50%标准分。 5. 电源没有采用分路独立开关供电，扣 50%标准分	必查项

序号	评价项目	层面	标准分	评分标准	查证方法	评分方法	层面	标准分	评分标准	查证方法	评分方法	备注
4.2.1.5	主站系统设备的安装及机房、主站UPS电源和蓄电池室环境	地调	8	1. 主站系统设备安装应牢固可靠，运行设备应标有规范的标志牌。2. 连接各运行设备间的动力/信号电缆（线）应整齐布线，电缆（线）两端应有标志牌。3. 调度控制系统所在机房环境及相应管理应满足信息安全等级保护三级的要求	现场查看	1. 设备安装不牢固可靠、运行设备没有标有规范的标志牌，扣50%标准分。2. 动力/信号电缆（线）不整齐布线、电缆（线）两端没有标志牌，扣50%标准分。3. 调度控制系统所在机房环境及相应管理未满足信息安全等级三级的要求，扣50%标准分	县调	8	1. 主站系统设备安装应牢固可靠，运行设备应标有规范的标志牌。2. 连接各运行设备间的动力/信号电缆（线）应整齐布线，电缆（线）两端应有标志牌。3. 调度控制系统所在机房环境及相应管理应满足信息安全等级保护三级的要求	现场查看	1. 设备安装不牢固可靠、运行设备没有标有规范的标志牌，扣50%标准分。2. 动力/信号电缆（线）不整齐布线、电缆（线）两端没有标志牌，扣50%标准分。3. 调度控制系统所在机房环境及相应管理未满足信息安全等级三级的要求，扣50%标准分	
4.2.2	调度数据网络要求	地调	8									
4.2.2.1	厂站接入要求	地调	8	1. 220kV变电站应100%实现双网接入。2. 110kV及以下变电站实现100%接入。3. 厂站调度数据网覆盖率应达到100%	查看相应资料和网管系统	1. 220kV变电站未100%实现双网接入，每降低10%，扣10%标准分。2. 110kV及以下变电站接入率低于要求指标，每低10个百分点，扣10%标准分。						

序号	评价项目	层面	标准分	评分标准	查证方法	评分方法	层面	标准分	评分标准	查证方法	评分方法	备注
4.2.2.1	厂站接入要求	地调	8		查看相应资料和网管系统	3. 厂站调度数据网覆盖率低于要求指标,每低10个百分点,扣5%标准分						
4.2.3	厂站设备要求	地调	24				县调	32				
4.2.3.1	自动化设备的检验、通信模块、时间同步装置等设备配置	地调	12	1. 电网内的自动化设备必须是通过具有国家级检测资质的质检机构检验合格的产品,设备现场运行稳定可靠。 2. 调控范围内的重要发电厂、110kV以上变电站的自动化设备通信模块应冗余配置。 3. 220kV变电站内应配置统一的时间同步装置。 4. 110kV及以下变电站应配置统一的时间源	至厂站现场检查	1. 厂站自动化设备有不是检验合格的产品,每一个厂站扣20%标准分;发现设备运行不稳定,每一个厂站扣20%标准分。 2. 厂站自动化设备通信模块未冗余配置,每一个厂站扣10%标准分。 3. 220kV变电站站内未配置统一的时间同步装置,每一个变电站扣50%标准分。 4. 110kV及以下变电站未配置统一的时间源,每一个变电站扣10%标准分	县调	16	1. 电网内的自动化设备必须是通过具有国家级检测资质的质检机构检验合格的产品,设备现场运行稳定可靠。 2. 110kV及以下变电站应配置统一的时间源	至厂站现场检查	1. 厂站自动化设备有不是检验合格的产品,每一个厂站扣20%标准分;发现设备运行不稳定,每一个厂站扣20%标准分。 2. 110kV及以下变电站未配置统一的时间源,每一个变电站扣10%标准分	必查项

序号	评价项目	层面	标准分	评分标准	查证方法	评分方法	层面	标准分	评分标准	查证方法	评分方法	备注
4.2.3.2	自动化设备的供电电源、防雷、接地	地调	12	1. 对于调控范围内发电厂、变电站远动装置、计算机监控系统及其测控单元、变送器等自动化设备应采用不间断电源（UPS）或站内直流电源供电。 2. 相关设备应加装防雷（强）电击装置，同时应可靠接地	至厂站现场检查和查阅电源维护记录	1. 220kV变电站自动化设备未采用冗余配置的UPS，或未配置厂站内直流电源供电，每有一个厂站，扣10%标准分。 2. 厂站调度自动化设备（RTU、数据处理及通信单元）与通信设备间没加装防雷（强）电击装置或未可靠接地，每一个厂站扣10%标准分	县调	16	1. 对于调控范围内发电厂、变电站远动装置、计算机监控系统及其测控单元、变送器等自动化设备应采用不间断电源（UPS）或站内直流电源供电。 2. 相关设备应加装防雷（强）电击装置，同时应可靠接地	至厂站现场检查和查阅电源维护记录	厂站调度自动化设备（RTU、数据处理及通信单元）与通信设备间没加装防雷（强）电击装置或未可靠接地，每一个厂站扣10%标准分	必查项
4.3	运行维护管理	地调	15				县调	15				
4.3.1	自动化运行值班管理	地调	8	1. 设置自动化运行值班人员，建立规范的自动化运行值班和交接班制度。 2. 自动化值班日志应包括当值自动化检修和操作记录、主站	现场查看相关规章制度。抽查自动化值班日志	1. 不设置自动化运行值班人员，不得分；没有自动化运行值班和交接班制度，扣50%标准分；制度不规范，扣20%标准分。						必查项

序号	评价项目	层面	标准分	评分标准	查证方法	评分方法	层面	标准分	评分标准	查证方法	评分方法	备注
4.3.1	自动化运行值班管理	地调	8	自动化系统异常和事故情况、厂站自动化数据通信异常情况等,内容要真实、完整、清楚。3. 自动化值班日志采用计算机管理,实现自动生成运行记录、统计查询功能	现场查看相关规章制度。抽查自动化值班日志	2. 值班日志内容不规范,扣50%标准分。3. 自动化值班日志未实现电子化,不得分						必查项
4.3.2	调度自动化系统设备检修、缺陷管理	地调	7	1. 应有调度自动化系统、配电自动化主站系统、设备检修管理制度,自动化设备检修应严格执行国调中心制定的调度自动化系统和设备检修流程。2. 做好在电力监控系统上工作,保证安全的组织措施和技术措施。	查阅有关制度、运行日志、工作票、OMS中相关流程和记录	1. 没有设备检修管理制度,本项不得分;未执行调度自动化系统和设备检修流程,本项不得分。2. 在电力监控系统上工作,未执行《国家电网公司电力安全工作规程(电力监控部分)(试行)》中规定保证安全的组织措施和技术	县调	15	1. 应有调度自动化系统、设备检修管理制度,自动化设备检修应严格执行国调中心制定的调度自动化系统和设备检修流程。2. 做好在电力监控系统上工作,保证安全的组织措施和技术措施。3. 应开展厂站自动化设备	查阅有关制度、运行日志、工作票、OMS中相关流程和记录	1. 没有设备检修管理制度,本项不得分;自动化系统设备检修未严格执行国调中心制定的调度自动化系统、设备检修流程和标准操作程序,本项不得分。2. 在电力监控系统上工作,未执行《国家电	必查项

197

序号	评价项目	层面	标准分	评分标准	查证方法	评分方法	层面	标准分	评分标准	查证方法	评分方法	备注
4.3.2	调度自动化系统设备检修、缺陷管理	地调	7	3. 应开展厂站自动化设备定检工作。4. 应有调度自动化系统、配电自动化主站系统、设备缺陷管理制度和管理流程，设备消缺应有完整规范的消缺记录。5. 自动化系统、设备缺陷应在本地系统记录并向上级调度同步报送	查阅有关制度、运行日志、工作票、OMS中相关流程和记录	措施，查看工作票执行情况，未满足电力监控系统安规要求，本项不得分。3. 未开展厂站自动化设备定检工作，扣50%标准分；定检范围有漏项，每缺少一项，扣10%标准分。4. 没有设备消缺管理制度或管理流程，扣50%标准分；没有设备消缺记录，本项不得分。5. 未向上级调度同步报送自动化系统、设备缺陷，扣20%标准分	县调	15	定检工作，定检范围包括测控装置、电能量终端、时间同步装置、调度数据网设备、安全防护设备等	查阅有关制度、运行日志、工作票、OMS中相关流程和记录	网公司电力安全工作规程（电力监控部分）（试行）》中规定保证安全的组织措施和技术措施，查看工作票执行情况，未满足电力监控系统安规要求，本项不得分。3. 未开展厂站自动化设备定检工作，扣50%标准分；定检范围有漏项，每缺少一项，扣10%标准分	必查项
4.4	调度自动化专业管理	地调	10				县调	15				

序号	评价项目	层面	标准分	评分标准	查证方法	评分方法	层面	标准分	评分标准	查证方法	评分方法	备注
4.4.1	对基建、改（扩）建工程项目的管理	地调	10	1. 对于调度管辖的厂站基建、改（扩）建工程，应参加工程前期方案审查并及时将意见上报；参加厂站自动化系统设备招标技术规范书审查。 2. 组织参加厂站自动化设备出厂验收和现场验收。 3. 设备配套的图纸资料（竣工安装图、电缆清册、安装调试报告、安装接线图等）应与实际运行设备相符并建立规范的图纸资料档案	查阅工程记录，抽查设备验收报告	1. 自检查之日起回溯18个月时间内，每有一次未参加工程前期审查，扣20%标准分；参加但未将意见及时上报，扣20%标准分。每有一次未参加自动化厂站设备招标技术规范书审查，扣20%标准分。 2. 自检查之日起回溯18个月时间内，未组织参加厂站自动化设备出厂验收和现场验收，每一次扣20%标准分。 3. 没有设备配套的图纸资料，本项不得分；有但不全或不相符，扣30%标准分。 4. 未建立规范的图纸资料档案，扣30%标准分	县调	15	1. 对于调度管辖的厂站基建、改（扩）建工程，应参加工程前期方案审查并及时将意见上报；参加厂站自动化系统设备招标技术规范书审查。 2. 组织参加厂站自动化设备出厂验收和现场验收。 3. 设备配套的图纸资料（竣工安装图、电缆清册、安装调试报告、安装接线图等）应与实际运行设备相符并建立规范的图纸资料档案	查阅工程记录，抽查设备验收报告	1. 自检查之日起回溯18个月时间内，每有一次未参加工程前期审查，扣20%标准分；参加但未将意见及时上报，扣20%标准分；每有一次未参加自动化厂站设备招标技术规范书审查，扣20%标准分。 2. 自检查之日起回溯18个月时间内，未组织参加厂站自动化设备出厂验收和现场验收，每一次扣20%标准分。 3. 没有设备配套的图纸资料，本项不得分；有但不全或不相符，扣30%标准分。 4. 未建立规范的图纸资料档案，扣30%标准分	

序号	评价项目	层面	标准分	评分标准	查证方法	评分方法	层面	标准分	评分标准	查证方法	评分方法	备注
5	**通信运行与管理**	**地调 200 分/县调 190 分**										
5.1	建设管理	地调	50				县调	20				
5.1.1	通信系统建设设计安全	地调	20	1. 电力通信网的网络规划、设计和改造应充分满足各类业务应用需求及安全技术标准要求，涉及网络安全的，项目建设单位应按照设计方案开展安全防护建设。 2. 通信系统建设设计满足《国家电网有限公司十八项电网重大反事故措施》相关条款要求。 3. 采用冗余技术设计网络拓扑结构，避免关键节点存在单点故障	查阅规划、项目设计方案、实际网络拓扑结构图等相关资料	1. 规划、项目设计不满足技术和安全要求的，扣 10 分；应编未编安全防护方案的扣 10 分；编制方案但未实现安全防护，扣 5 分。 2. 违反《国家电网有限公司十八项电网重大反事故措施》通信部分内容，每发现一处，扣 5 分。 3. 关键节点传输网络设备、通信线路等每发现一处未采用冗余设计，扣 5 分						

序号	评价项目	层面	标准分	评分标准	查证方法	评分方法	层面	标准分	评分标准	查证方法	评分方法	备注
5.1.2	施工现场安全管控	地调	10	现场施工应使用工作票，票面应整洁无涂改，动火作业应使用动火工作票；项目建设、施工、监理等责任单位管理职责需明确，建设单位需按规定与施工、监理单位签订承包合同和安全协议，"三措一案"应齐全并按照规定办理审核批准手续	查阅相关资料和文件	不符合要求，每处扣2分（检查近一年内工作票）	县调	10	现场施工应使用工作票，票面应整洁无涂改，动火作业应使用动火工作票；项目建设、施工、监理等责任单位管理职责需明确，建设单位需按规定与施工、监理单位签订承包合同和安全协议，"三措一案"应齐全并按照规定办理审核批准手续	查阅相关资料和文件	不符合要求，每处扣2分（检查近一年内工作票）	
5.1.3	新设备接入管理	地调	10	1. 设备验收合格，质量符合安全运行要求，各项指标满足入网要求，资料档案齐全。2. 新设备接入现有通信系统，应在新设备启动前2个月向有关通信机构移交相关资料，并于7个工作日前提出投运申请。	查阅相关资料和文件	1. 设备未进行验收，资料档案不齐全，每发现一处，扣2分。2. 查阅相关资料，每发现一项未审批，扣2分。3. 设备运行工况、告警监测信号未传送至相关通信机构，每发现一个，扣1分						

续表

序号	评价项目	层面	标准分	评分标准	查证方法	评分方法	层面	标准分	评分标准	查证方法	评分方法	备注
5.1.3	新设备接入管理	地调	10	3. 并入通信系统的设备应配备监测系统，并能将设备运行工况、告警监测信号传送至相关通信机构	查阅相关资料和文件							
5.1.4	试运行与验收	地调	10	1. 新建通信系统经运行维护单位初步验收合格后，方可进行试运行。 2. 试运行应完整记录发现的缺陷和问题，并做好记录。发现的缺陷要及时整改闭环。 3. 试运行到期后，运行维护单位负责提供系统试运行报告，并组织办理试运行验收手续，建设开发单位配合。 4. 项目管理单位应完成新设备运行维护培训。	1. 查阅缺陷、问题、故障记录及整改处理报告。 2. 查阅移交记录及文档。 3. 查阅验收报告	1. 未履行试运行申请流程的，扣5分。 2. 试运行缺陷、问题、故障记录及整改处理报告，每少一项，扣1分。 3. 无试运行报告，扣1分。 4. 竣工资料不全面，每少一项，扣1分。 5. 未进行竣工验收，扣2分，无验收报告，扣1分	县调	10	1. 新建通信系统经运行维护单位初步验收合格后，方可进行试运行。 2. 试运行应完整记录发现的缺陷和问题，并做好记录。 3. 试运行到期后，运行维护单位负责提供系统试运行报告，并组织办理试运行验收手续，建设开发单位配合。 4. 项目管理单位应完成新设备运行维护培训。	1. 查阅缺陷、问题、故障记录及整改处理报告。 2. 查阅移交记录及文档。 3. 查阅验收报告	1. 未履行试运行申请流程的，扣5分。 2. 试运行缺陷、问题、故障记录及整改处理报告，每少一项，扣1分。 3. 无试运行报告，扣1分。 4. 竣工资料不全面，每少一项，扣1分。 5. 未进行竣工验收，扣2分，无验收报告，扣1分	

序号	评价项目	层面	标准分	评分标准	查证方法	评分方法	层面	标准分	评分标准	查证方法	评分方法	备注
5.1.4	试运行与验收	地调	10	5. 项目管理单位应在设备投运 3 个月内完成竣工资料全面移交，包括移交设备清单、竣工图纸、设备及光缆测试报告等			县调	10	5. 项目管理单位应在设备投运 3 个月内完成竣工资料全面移交，包括移交设备清单、竣工图纸、设备及光缆测试报告等			
5.2	调控管理	地调	50				县调	30				
5.2.1	运行值班管理	地调	20	1. 通信运行值班实行 7×24h 值班制度。 2. 值班日志记录全面，对当值期间的设备故障处理情况、调度命令、巡视记录和上级通知等应详细记录，并在交接班时交接清楚。及时向上级调度员汇报调度命令的执行情况和设备运行情况	查阅相关值班规定，在 TMS 系统中查阅相关记录；通过通信监控系统、通信网管等系统检查通信设备运行情况	1. 无相关的值班制度，扣 10 分。 2.TMS 系统中无值班安排，扣 5 分。 3.TMS 系统中无值班日志，扣 10 分。 4. 值班日志记录不全面，存在值班事件未记录或问题未终结，扣 5 分。 5. 交接班不清楚每处，扣 2 分						

序号	评价项目	层面	标准分	评分标准	查证方法	评分方法	层面	标准分	评分标准	查证方法	评分方法	备注
5.2.2	应急处置	地调	10	1. 每年至少开展一次通信反事故演习。2. 建立业务流程库、应急预案库，其中，业务流程库涵盖调度主要业务流程，应急预案库包括主要系统及主要设备现场应急处置方案	检查反事故演习方案、反事故演习总结报告；检查抢修记录及报告，对紧急抢修处理的时长及效果进行评估；抽查业务流程库、应急预案库、典型案例库和工作指导卡	1. 联合通信反事故演习次数每少一次，扣5分；方案、报告每少一份，扣2分。2. 未按要求建立业务流程库、应急预案库、典型案例库和工作指导卡，扣5分；抽查业务流程库、应急预案库中，每发现一项覆盖范围不全的，扣1分	县调	10	1. 每年至少开展一次通信反事故演习。2. 建立业务流程库、应急预案库，其中，业务流程库涵盖调度主要业务流程，应急预案库包括主要系统及主要设备现场应急处置方案	检查反事故演习方案、反事故演习总结报告；检查抢修记录及报告，对紧急抢修处理的时长及效果进行评估	通信反事故演习次数每少一次，扣5分；方案、报告每少一份，扣2分	
5.2.3	运行方式管理	地调	10	1. 按要求编制通信日常运行方式单，及时编制年度运行方式，并需履行审批发布手续。按正式发布的运行方式要求进行系统规划设计、建设及资源优化配置。	1. 检查年度运行方式。2. 现场抽查基础资料；检查是否有设备、电路的投退管理制度。	1. 未编制运行方式不得分，编报不及时，扣3分；审批发布手续不齐全，扣3分。未按正式发布的运行方式执行且无充分理由说明原因，每一项扣1分。	县调	10	按国家电网有限公司统一规范要求，进行通信系统（设备）投退管理、命名管理	1. 现场抽查基础资料。2. 检查是否有设备、电路的投退管理制度。3. 检查通信系统投运记录。4. 抽查检修发布情况，及检修跟踪记录	1. 未建立设备、电路投退管理制度的，扣5分；没有系统（设备）投退相关单据的，扣5分。2. 单据要素不完整的，每缺少一项关键要素，扣1分	

序号	评价项目	层面	标准分	评分标准	查证方法	评分方法	层面	标准分	评分标准	查证方法	评分方法	备注
5.2.3	运行方式管理	地调	10	2. 按国家电网有限公司统一规范要求，进行通信系统（设备）投退管理、命名管理	3. 检查通信系统投运记录；抽查检修发布情况，及检修跟踪记录	2. 没有系统（设备）投退相关单据的，扣 5 分；单据要素不完整的，每缺少一项关键要素，扣 1 分	县调	i0				
5.2.4	分析评价	地调	10	1. 通信系统运行重大事件应进行专项分析、总结，并制定下一步系统优化工作方案。 2. 每月开展通信系统运行情况分析工作。 3. 优化资源配置方案，掌握调管范围内通信资源资料	1. 检查通信系统专项分析及整改方案等。检查当年通信调度运行报表。检查是否有资源的统计库。 2. 检查是否建立资源调配制度。 3. 抽查是否有资源调度记录	1. 检查是否有专题分析资料，没有，扣 5 分；抽查专题分析资料内容，是否有对事件的分析和下一步工作方案，每缺少一项，扣 1 分。 2. 抽查通信报表内容是否覆盖运行监视、检修、抢修及预警方面，是否有对本月工作的汇总评价及下月工作的计划，每缺少一项，扣 2 分。 3. 检查人员、设备、备品备件资源统计库，每缺失一项，扣 2 分。未建立资源调配制度的，扣 2 分	县调	10	1. 通信系统运行重大事件应进行专项分析、总结，并制定下一步系统优化工作方案。 2. 每月开展通信系统运行情况分析工作。 3. 优化资源配置方案，掌握调管范围内通信资源资料，建立各类资源（人员、设备）调配机制	1. 检查通信系统专项分析相关材料，包括事件统计、事件分析及整改方案等。检查是否有资源的统计库。 2. 检查是否建立资源调配制度。 3. 抽查是否有资源调度记录	1. 检查是否有专题分析资料，没有，扣 5 分。 2. 抽查专题分析资料内容，是否有对事件的分析和下一步工作方案，每缺少一项，扣 1 分。 3. 检查人员、设备、备品备件资源统计库，每缺失一项，扣 2 分。未建立资源调配制度的，扣 2 分	

序号	评价项目	层面	标准分	评分标准	查证方法	评分方法	层面	标准分	评分标准	查证方法	评分方法	备注
5.3	运行管理	地调	50				县调	70				
5.3.1	巡视管理	地调	10	1. 按规定定期对通信设备和通信光缆进行巡视。 2. 定期对TMS（AMS）系统、设备网管、动环监控等监控系统进行巡视。 3. 报警信息的远程监视与推送准确及时	查阅相关巡检及测试记录	1. 无通信设备和通信光缆巡视记录，扣5分；巡视周期达不到规范要求或记录不全，扣2分。 2. 无设备网管和TMS（AMS）系统巡视记录，扣5分。 3. 巡视周期达不到规范要求或记录不全，扣2分。 4. 无报警信息的远程监视与推送，扣5分；有报警信息的远程监视与推送，发现不准确不及时，每处扣1分	县调	15	按规定定期对通信设备和通信光缆进行巡视	查阅相关巡检及测试记录	1. 无通信设备巡视记录，扣10分。 2. 巡视周期达不到规范要求或记录不全，扣2分。 3. 无通信光缆巡视记录，扣10分；巡视周期达不到规范要求或记录不全，扣2分	
5.3.2	缺陷管理	地调	10	1. 应按照公司有关规定要求定义并识别系统缺陷等级。	1. 查阅有关管理规定。 2. 检查近3个月的缺陷单，访谈相关人员	1. 未按照公司有关规定要求定义并识别系统缺陷等级，扣10分。	县调	10	1. 应按照公司有关规定要求定义并识别系统缺陷等级。	1. 查阅有关管理规定。 2. 检查近3个月的缺陷单，访谈相关人员	1. 未按照公司有关规定要求定义并识别系统缺陷等级，扣10分。	

序号	评价项目	层面	标准分	评分标准	查证方法	评分方法	层面	标准分	评分标准	查证方法	评分方法	备注
5.3.2	缺陷管理	地调	10	2. 规范缺陷的监控、处置、消除等工作。3. 规范缺陷报告记录并及时上传	1. 查阅有关管理规定。2. 检查近3个月的缺陷单，访谈相关人员	2. 未规范缺陷的监控、处置、消除等工作，扣5分	县调	10	2. 规范缺陷的监控、处置、消除等工作。3. 规范缺陷报告记录并及时上传	1. 查阅有关管理规定。2. 检查近3个月的缺陷单，访谈相关人员	2. 未规范缺陷的监控、处置、消除等工作，扣5分	
5.3.3	资产管理	地调	7	1. 定期维护各类通信系统台账，含TMS和AMS系统维护。2. 设备投、退役应履行规定的流程，从通信资产台账和财务资产建立或更改相应台账	1. 通过TMS和AMS系统，查阅通信台账和相关资料。2. 查阅验收报告；相关系统中查阅设备状态和移交手续。3. 查阅改造计划及相关记录	1. 无资产台账，扣5分；台账未包含所有通信资产，扣2分；TMS和AMS系统资产账卡物不一致，扣1分。2. 未按流程进行设备报废，扣2分	县调	10	1. 定期维护各类通信系统台账，含TMS和AMS系统维护。2. 设备投、退役应履行规定的流程，从通信资产台账和财务资产建立或更改相应台账	1. 通过TMS和AMS系统，查阅通信台账和相关资料。2. 查阅验收报告；相关系统中查阅设备状态和移交手续；查阅改造计划及相关记录	1. 无资产台账，扣5分；台账未包含所有通信资产，扣2分；TMS和AMS系统资产账卡物不一致，扣1分。2. 未按流程进行设备报废，扣2分	
5.3.4	运行资料管理	地调	10	以下基本运行资料齐全，并符合运行实际要求：	通过线下和TMS（AMS）系统检查运行资料的完整性、准确性和及时更新情况	1. 基本运行资料不完整、不准确或缺少，每发现一项，扣2分。	县调	15	以下基本运行资料齐全，并符合运行实际要求：	通过线下和TMS（AMS）系统检查运行资料的完整性、准确性和及时更新情况	1. 基本运行资料不完整、不准确或缺少，每发现一项，扣2分。	

序号	评价项目	层面	标准分	评分标准	查证方法	评分方法	层面	标准分	评分标准	查证方法	评分方法	备注
5.3.4	运行资料管理	地调	10	1. 工程竣工验收资料、站内设备图纸、说明书、现场作业指导书。 2. 交、直流电源供电示意图、接地系统图和光缆路由图、系统网络拓扑结构图。 3. 日常运行记录、系统运行方式、资源分配表、配线资料、检修测试记录、故障和缺陷处理记录。 4. 设备台账资料、仪器仪表、备品备件、工器具保管使用记录。 5. 现场应急处置方案	通过线下和TMS（AMS）系统检查运行资料的完整性、准确性和及时更新情况	2. 资料未及时更新，每发现一处，扣1分	县调	15	1. 工程竣工验收资料、站内设备图纸、说明书、现场作业指导书。 2. 交、直流电源供电示意图、接地系统图和光缆路由图、系统网络拓扑结构图。 3. 日常运行记录、系统运行方式、资源分配表、配线资料、检修测试记录、故障和缺陷处理记录。 4. 设备台账资料、仪器仪表、备品备件、工器具保管使用记录。 5. 现场应急处置方案	通过线下和TMS（AMS）系统检查运行资料的完整性、准确性和及时更新情况	2. 资料未及时更新，每发现一处，扣1分	

续表

序号	评价项目	层面	标准分	评分标准	查证方法	评分方法	层面	标准分	评分标准	查证方法	评分方法	备注
5.3.5	仪器仪表	地调	7	1. 配备必要的测试仪器、仪表和安全工器具。 2. 仪器、仪表和安全工器具应按要求整齐存放，并具备完善的标识。 3. 仪器、仪表和安全工器具应定期检验合格	1. 检查通信测试仪器仪表和安全工器具的配置和管理情况。 2. 检查仪器仪表和安全工器具的校验记录	1. 未配备必要的测试仪器、仪表和安全工器具，每发现一处，扣2分。 2. 仪器、仪表和安全工器具未按要求整齐存放或无标识，每发现一处，扣1分。 3. 仪器、仪表和安全工器具未进行定期校验合格，每发现一处，扣1分	县调	10	1. 配备必要的测试仪器、仪表和安全工器具。 2. 仪器、仪表和安全工器具应按要求整齐存放，并具备完善的标识。 3. 仪器、仪表和安全工器具应定期检验合格	1. 检查通信测试仪器仪表和安全工器具的配置和管理情况。 2. 检查仪器仪表和安全工器具的校验记录	1. 未配备必要的测试仪器、仪表和安全工器具，每发现一处，扣2分。 2. 仪器、仪表和安全工器具未按要求整齐存放或无标识，每发现一处，扣1分。 3. 仪器、仪表和安全工器具未进行定期校验合格，每发现一处，扣1分	
5.3.6	备品备件	地调	6	1. 制定通信设备备品、备件管理制度。 2. 备品、备件应满足生产需要，并实现电子化或信息化管理。 3. 备品、备件应按要求整齐存放，并具备完善的标识	1. 检查通信设备备品、备件的配置和管理制度。 2. 检查设备备品、备件实际存放和标识等	1. 无备品备件管理制度，本项不得分。 2. 重要备品、备件不全的，每少一项，扣1分。 3. 未实现信息化管理，扣2分。 4. 备品、备件存放不符合要求，扣1分。备品、备件标识不清，每处扣1分	县调	10	1. 制定通信设备备品、备件管理制度。 2. 备品、备件应满足生产需要，并实现电子化或信息化管理。 3. 备品、备件应按要求整齐存放，并具备完善的标识	1. 检查通信设备备品、备件的配置和管理制度。 2. 检查设备备品、备件实际存放和标识等	1. 无备品备件管理制度，本项不得分。 2. 重要备品、备件不全的，每少一项，扣1分。 3. 未实现信息化管理，扣2分。 4. 备品、备件存放不符合要求，扣1分。 5. 备品、备件标识不清，每处扣1分	

序号	评价项目	层面	标准分	评分标准	查证方法	评分方法	层面	标准分	评分标准	查证方法	评分方法	备注
5.4	检修管理	地调	50				县调	70				
5.4.1	检修计划	地调	10	1. 各级通信机构应根据所辖范围内通信设备运行状况，结合通信专业特点，通信设施的状态评价、风险评估，以及电网检修计划，制定通信检修计划。 2. 对获批的检修工作及时发布，审核、批复下级调度机构上报的通信检修计划，针对下级调度机构统一下发检修计划，评估检修计划影响范围，监督各类检修计划的执行并跟踪记录	查阅检修计划相关资料和文件	1. 检修计划未按规范编制，扣5分。 2. 未按时上报年度、月度检修计划的，每次扣5分。 3. 每发生一次一类通信非计划检修，扣5分	县调	20	各级通信机构应根据所辖范围内通信设备运行状况，结合通信专业特点，通信设施的状态评价、风险评估，以及电网检修计划，制定通信检修计划	查阅检修计划相关资料和文件	1. 检修计划未按规范编制，扣5分。 2. 未按时上报年度、月度检修计划的，每次扣5分。 3. 每发生一次一类通信非计划检修，扣5分	

序号	评价项目	层面	标准分	评分标准	查证方法	评分方法	层面	标准分	评分标准	查证方法	评分方法	备注
5.4.2	申请与审批	地调	10	通信检修应按要求履行申请审批手续；检修审批应按照通信调度管辖范围及下级服从上级的原则进行，以最高级通信调度批复为准	查阅检修的申请与审批相关文件和资料	1. 未按要求履行检修申请与审批，每次扣5分。2. 未按检修票规范提报检修申请的，视情节严重性，每发现一次，扣1~3分	县调	10	通信检修应按要求履行申请审批手续；检修审批应按照通信调度管辖范围及下级服从上级的原则进行，以最高级通信调度批复为准	查阅检修的申请与审批相关文件和资料	1. 未按要求履行检修申请与审批，每次扣5分。2. 未按检修票规范提报检修申请的，视情节严重性，每发现一次，扣1~3分	
5.4.3	检修开竣工	地调	10	1. 检修人员在收到已批准的检修单后，应按照检修单批复的检修时间、技术方案和要求进行开工前的准备工作。在确认具备开工条件后，按所属关系逐级向通信调控值班员申请开工，得到许可后方可开工。	查阅检修开、竣工相关文件和资料	未按要求履行检修开工或竣工流程的，每发现一次，扣5分	县调	20	1. 检修人员在收到已批准的检修单后，应按照检修单批复的检修时间、技术方案和要求进行开工前的准备工作。在确认具备开工条件后，按所属关系逐级向通信调控值班员申请开工，得到许可后方可开工。	查阅检修开、竣工相关文件和资料	未按要求履行检修开工或竣工流程的，每发现一次，扣5分	

序号	评价项目	层面	标准分	评分标准	查证方法	评分方法	层面	标准分	评分标准	查证方法	评分方法	备注
5.4.3	检修开竣工	地调	10	2. 检修人员在确认运行方式已恢复、具备竣工条件后，按所属关系逐级向通信调控值班员申请竣工。调控值班员在确认所有运行方式已恢复、技术指标合格后，方可下令竣工	查阅检修开、竣工相关文件和资料	未按要求履行检修开工或竣工流程的，每发现一次，扣5分	县调	20	2. 检修人员在确认运行方式已恢复、具备竣工条件后，按所属关系逐级向通信调控值班员申请竣工。调控值班员在确认所有运行方式已恢复、技术指标合格后，方可下令竣工	查阅检修开、竣工相关文件和资料	未按要求履行检修开工或竣工流程的，每发现一次，扣5分	
5.4.4	两票工作要求	地调	20	检修操作过程要按照通信检修工作票的工作内容严格执行；并保障工作票填写规范	查阅近3个月来的工作票、操作票	1. 无工作票，扣5分。2. 工作票填写不符合规范，每发现一个，扣5分。3. 未通过TMS系统流转通信工作票，扣5分	县调	20	检修操作过程要按照通信检修工作票的工作内容严格执行；并保障工作票填写规范	查阅近3个月来的工作票、操作票	1. 无工作票，扣5分。2. 工作票填写不符合规范，每发现一个，扣5分。3. 未通过TMS系统流转通信工作票，扣5分	

序号	评价项目	层面	标准分	评分标准	查证方法	评分方法	层面	标准分	评分标准	查证方法	评分方法	备注
6	电力监控系统安全防护	地调100分/县调100分										
6.1	调度主站的安全防护	地调	60				县调	60				
6.1.1	基础设施物理安全	地调	10	1. 机房等基础设施是否具有防窃、防火、防水、防破坏等物理安全防护措施。 2. 是否对重要区域配置电子门禁系统,控制、鉴别和记录人员的进出情况。 3. 是否对涉及敏感数据的业务系统或关键区域实施电磁屏蔽。 4. 供电可靠性及UPS电源负载是否满足系统运行要求	现场检查基础设施物理环境	1. 机房等基础设施不满足物理安全防护措施要求,扣25%标准分。 2. 重要区域未配置电子门禁,扣25%标准分。 3. 未对涉及敏感数据的业务系统或关键区域实施电磁屏蔽,扣25%标准分。 4.UPS供电不满足系统运行要求,扣25%标准分	县调	10	1. 机房等基础设施是否具有防窃、防火、防水、防破坏等物理安全防护措施。 2. 是否对重要区域配置电子门禁系统,控制、鉴别和记录人员的进出情况。 3. 供电可靠性及UPS电源负载是否满足系统运行要求	现场检查基础设施物理环境	1. 机房等基础设施不满足物理安全防护措施要求,扣40%标准分。 2. 重要区域未配置电子门禁,扣30%标准分。 3.UPS供电不满足系统运行要求,扣30%标准分	

序号	评价项目	层面	标准分	评分标准	查证方法	评分方法	层面	标准分	评分标准	查证方法	评分方法	备注
6.1.2	体系结构安全	地调	15	1. 是否已根据安全分区原则，将各功能模块分别置于控制区、非控制区和管理信息大区。 2. 系统物理边界及安全部署是否遵循《电力监控系统安全防护规定》。 3. 使用无线通信网或非电力调度数据网进行通信的，应当设立安全接入区，并采用安全隔离、访问控制、安全认证及数据加密等安全措施	核对电力监控系统安全防护方案，现场查看应用系统，并核对标签	1. 主站系统未遵循《电力监控系统安全防护总体方案》要求实施可靠安全防护，扣80%标准分。 2. 无电力监控系统安全防护实施方案，扣60%标准分。 3. 每发现一处现场系统设备、网络设备、网络接线与系统网络结构图、清单不一致，扣5%标准分	县调	15	1. 是否已根据安全分区原则，将各功能模块分别置于控制区、非控制区和管理信息大区。 2. 系统物理边界及安全部署是否遵循《电力监控系统安全防护规定》	核对电力监控系统安全防护方案，现场查看应用系统，并核对标签	1. 主站系统未遵循《电力监控系统安全防护总体方案》要求实施可靠安全防护，扣80%标准分。 2. 无电力监控系统安全防护实施方案，扣60%标准分。 3. 每发现一处现场系统设备、网络设备、网络接线与系统网络结构图、清单不一致,扣5%标准分	
6.1.3	系统本体安全防护	地调	15	1. 控制功能是否使用调度数字证书认证，操作人员登录操作界面，需要使用双因子认证。	现场查看应用系统运行及使用情况	1. 控制功能未使用调度数字证书认证或操作人员未使用双因子认证，扣40%标准分。	县调	15	1. 生产控制大区计算机、存储设备、路由器、交换机等关键设备是否存在经过国家有关	现场查看应用系统运行及使用情况	1. 生产控制大区每有一台设备存在安全隐患或恶意芯片、未使用使用经国家有关部门检测认	

序号	评价项目	层面	标准分	评分标准	查证方法	评分方法	层面	标准分	评分标准	查证方法	评分方法	备注
6.1.3	系统本体安全防护	地调	15	2. 生产控制大区计算机、存储设备、路由器、交换机等关键设备是否存在经过国家有关部门的安全检测，是否存在安全隐患或恶意芯片，业务主机设备需使用经国家有关部门检测认证的安全操作系统，是否按要求关闭了通用网络服务、空闲端口。 3. 检查操作系统、关系数据库等基础软件用户账号密码管理策略是否配置合理，是否存在缺省账户、弱口令等问题。 4. 安全防护设备是否正常在线运行，调度数据网、安防设备的安全控制策略是否配置合理。	现场查看应用系统运行及使用情况	2. 生产控制大区每有一台设备存在安全隐患或恶意芯片、未使用经国家有关部门检测认证的安全操作系统或未按要求关闭通用服务、空闲端口，扣5%标准分。 3. 每发现一例账号密码问题，扣5%标准分。 4. 每有一台安全防护设备不正常在线运行或每有一个厂站安全策略配置不合理，扣5%标准分。 5. 没有部署网络安全监测装置或者未接入网络安全管理平台，每个站扣0.2分；检查具备接入条件的监测对象（服务器、工作站、网络设备、安全设备等），未接入网络安全监测装置，每台扣0.1分	县调	15	部门的安全检测，是否存在安全隐患或恶意芯片，业务主机设备需使用经国家有关部门检测认证的安全操作系统，是否按要求关闭了通用网络服务、空闲端口。 2. 检查操作系统、关系数据库等基础软件用户账号密码管理策略是否配置合理，是否存在缺省账户、弱口令等问题。 3. 安全防护设备是否正常在线运行，调度数据网、安防设备的安全控制策略是否配置合理。 4. 是否部署网络安全监测装置并接入网络安全管理平台；具备接入条	现场查看应用系统运行及使用情况	证的安全操作系统或未按要求关闭通用服务、空闲端口，扣5%标准分。 2. 每发现一例账号密码问题，扣5%标准分。 3. 每有一台安全防护设备不正常在线运行或每有一个厂站安全策略配置不合理，扣5%标准分。 4. 没有部署网络安全监测装置或者未接入网络安全管理平台，每个站扣0.2分；检查具备接入条件的监测对象（服务器、工作站、网络设备、安全设备等），未接入网络安全监测装置，每台扣0.1分	

序号	评价项目	层面	标准分	评分标准	查证方法	评分方法	层面	标准分	评分标准	查证方法	评分方法	备注
6.1.3	系统本体安全防护	地调	15	5. 是否部署主站端网络安全监测装置并接入网络安全管理平台；具备接入条件的监测对象（服务器、工作站、网络设备、安全设备等）是否接入网络安全监测装置	现场查看应用系统运行及使用情况		县调	15	件的监测对象（服务器、工作站、网络设备、安全设备等）是否接入网络安全监测装置	现场查看应用系统运行及使用情况		
6.1.4	安全管理	地调	10	1. 落实《电力监控系统安全防护总体方案》中安全管理要求，建立电力监控系统安全管理制度，明确相关责任，设置专职人员。 2. 落实《国家电网公司电力安全工作规程（电力监控部分）（试行）》的执行。 3. 规范设备和应用系统的接入管理，建立健全电力监控系统安全的联合防护和应急机制等。	查阅相关文件资料与记录	1. 电力监控系统安全管理制度未落实，不得分；责任不明确或专职人员未落实，本项不得分。 2. 检查《国家电网公司电力安全工作规程（电力监控部分）（试行）》执行情况，存在违规行为，本项不得分。 3. 设备或应用系统的接入管理混乱，扣20%标准分。电力监控系统安全联合防护和应急机制缺失，扣10%标准分。	县调	10	1. 落实《国家电网公司电力安全工作规程（电力监控部分）（试行）》的执行。 2. 规范设备和应用系统的接入管理，建立健全电力监控系统安全的联合防护和应急机制等。 3. 与现场运维人员和厂家技术支持人员签订保密协议	查阅相关文件资料与记录	1. 检查《国家电网公司电力安全工作规程（电力监控部分）（试行）》执行情况，存在违规行为，本项不得分。 2. 设备或应用系统的接入管理混乱，扣50%标准分；电力监控系统安全联合防护和应急机制缺失，扣25%标准分。 3. 未与运维人员签署保密协议，扣25%标准分	

续表

序号	评价项目	层面	标准分	评分标准	查证方法	评分方法	层面	标准分	评分标准	查证方法	评分方法	备注
6.1.4	安全管理	地调	10	4. 按《电力监控系统安全防护评估规范》要求定期开展电力监控系统安全等级保护测评和电力监控系统安全评估，并整改等级保护侧和安全评估中发现的问题。 5. 与现场运维人员和厂家技术支持人员签订保密协议	查阅相关文件资料与记录	4. 没有按要求定期开展安全等级保护测评或安全评估，本项不得分。测评或评估内容缺一项或不全面，扣25%标准分；评估后整改不及时，扣25%标准分。 5. 未与运维人员签署保密协议，扣20%标准分。	县调	10		查阅相关文件资料与记录		
6.1.5	安全应急措施	地调	10	1. 核查核心服务器是否满足冗余要求；备用调度是否满足数据、系统、业务、场所、人员等层面的备用要求。 2. 查看网络安全管理平台级联调阅、纵向管控、终端设备接入等功能信息情况。	现场查看应用系统运行及使用情况	1. 核心服务器未实现冗余配置、备调不满足运行要求或没有演练记录，扣30%标准分。 2. 不能正常使用网络安全管理平台各项功能，扣40%标准分。	县调	10	1. 核查核心服务器是否满足冗余要求。备用调度是否满足数据、系统、业务、场所、人员等层面的备用要求。 2. 网络与信息安全的应急预案是否编制并演练、安全应急制度是否健全	现场查看应用系统运行及使用情况	1. 核心服务器未实现冗余配置、备调不满足运行要求或没有演练记录，扣50%标准分。 2. 没有网络与信息安全的应急预案或者管理制度或者应急演练记录，扣50%标准分	

序号	评价项目	层面	标准分	评分标准	查证方法	评分方法	层面	标准分	评分标准	查证方法	评分方法	备注
6.1.5	安全应急措施	地调	10	3. 网络与信息安全的应急预案是否编制并演练、安全应急制度是否健全	现场查看应用系统运行及使用情况	3. 没有网络与信息安全的应急预案或者管理制度或者应急演练记录，扣30%标准分	县调	10		现场查看应用系统运行及使用情况		
6.2	变电站监控系统安全防护	地调	40				县调	40				
6.2.1	基础设施物理安全	地调	10	1. 机房等基础设施是否具有防窃、防火、防水、防破坏等物理安全防护措施。 2. 供电可靠性及UPS电源负载是否满足系统运行要求	至变电站现场查看，并核对设备运行情况及标签	1. 机房等基础设施不满足物理安全防护措施要求，扣50%标准分。 2.UPS供电不满足系统运行要求，扣50%标准分	县调	10	1. 机房等基础设施是否具有防窃、防火、防水、防破坏等物理安全防护措施。 2. 供电可靠性及UPS电源负载是否满足系统运行要求	现场检查基础设施物理环境	1. 机房等基础设施不满足物理安全防护措施要求，扣40%标准分。 2. UPS供电不满足系统运行要求，扣30%标准分	
6.2.2	体系结构安全	地调	10	1. 是否已强化变电站边界防护，加强内部安全措施，满足《变电站监控系统安全防护方案》等安全防护相关要求。	至变电站现场查看，并核对设备运行情况及标签	1. 没有专用数据网络、纵向加密和横向隔离措施，不得分。 2. 未遵循《变电站监控系统安全防护方案》等安全防护相关	县调	10	1. 是否已强化变电站边界防护，加强内部安全措施，满足《变电站监控系统安全防护方案》等安全防护相关要求。 2. 未遵循《变电站监控系统安全防护方案》等安全防护相关要	至变电站现场查看，并核对设备运行情况及标签	1. 没有专用数据网络、纵向加密和横向隔离措施，不得分。 2. 未遵循《变电站监控系统安全防护方案》等安全防护相关要	

序号	评价项目	层面	标准分	评分标准	查证方法	评分方法	层面	标准分	评分标准	查证方法	评分方法	备注
6.2.2	体系结构安全	地调	10	2. 所有业务功能是否按安全分区的原则部署。 3. 安全防护设备是否正常在线运行，安防设备的安全控制策略是否配置合理	至变电站现场查看，并核对设备运行情况及标签	要求实施可靠安全防护，扣40%标准分。 3. 每有一台安全防护设备不正常在线运行或每有一个厂站安全策略配置不合理，扣5%标准分	县调	10	2. 所有业务功能是否按安全分区的原则部署。 3. 安全防护设备是否正常在线运行，安防设备的安全控制策略是否配置合理	至变电站现场查看，并核对设备运行情况及标签	求实施可靠安全防护，扣40%标准分。 3. 每有一台安全防护设备不正常在线运行或每有一个厂站安全策略配置不合理，扣5%标准分	
6.2.3	系统本体安全防护	地调	10	1. 生产控制大区计算机、存储设备、路由器、交换机等关键设备是否存在经过国家有关部门的安全检测，是否存在安全隐患或恶意芯片，业务主机设备需使用经国家有关部门检测认证的安全操作系统，是否按要求关闭了通用网络服务、空闲端口。 2. 检查操作系统、关系数据库等基础软件用户账号密码管理	现场查看应用系统运行及使用情况	1. 生产控制大区每有一台设备存在安全隐患或恶意芯片、未使用使用经国家有关部门检测认证的安全操作系统或未按要求关闭通用服务、空闲端口，扣5%标准分。 2. 每发现一例账号密码问题，扣5%标准分。 3. 每有一台安全防护设备不正常在线运行或每有一个厂站安	县调	10	1. 生产控制大区计算机、存储设备、路由器、交换机等关键设备是否存在经过国家有关部门的安全检测，是否存在安全隐患或恶意芯片，业务主机设备需使用经国家有关部门检测认证的安全操作系统，是否按要求关闭了通用网络服务、空闲端口。 2. 检查操作系统、关系数据	现场查看应用系统运行及使用情况	1. 生产控制大区每有一台设备存在安全隐患或恶意芯片、未使用使用经国家有关部门检测认证的安全操作系统或未按要求关闭通用服务、空闲端口，扣5%标准分。 2. 每发现一例账号密码问题，扣5%标准分。 3. 每有一台安全防护设备不正常在线运行或每有一个厂站安	

序号	评价项目	层面	标准分	评分标准	查证方法	评分方法	层面	标准分	评分标准	查证方法	评分方法	备注
6.2.3	系统本体安全防护	地调	10	策略是否配置合理,是否存在缺省账户、弱口令等问题。 3. 安全防护设备是否正常在线运行,调度数据网、安防设备的安全控制策略是否配置合理	现场查看应用系统运行及使用情况	全策略配置不合理,扣 5%标准分	县调	10	库等基础软件用户账号密码管理策略是否配置合理,是否存在缺省账户、弱口令等问题。 3. 安全防护设备是否正常在线运行,调度数据网、安防设备的安全控制策略是否配置合理	现场查看应用系统运行及使用情况	全策略配置不合理,扣 5%标准分	
6.2.4	变电站网络安全监测装置的覆盖	地调	10	1. 是否部署网络安全监测装置并接入网络安全管理平台。 2. 具备接入条件的监测对象（服务站、网络设备、安全设备等）是否接入网络安全监测装置	至变电站现场查看,并核对设备运行情况及标签	1. 没有部署网络安全监测装置或者未接入网络安全管理平台,每个站扣 0.2 分。 2. 检查具备接入条件的监测对象（服务器、工作站、网络设备、安全设备等),未接入网络安全监测装置,每台扣 0.1分	县调	10	1. 是否部署网络安全监测装置并接入网络安全管理平台。 2. 具备接入条件的监测对象（服务器、工作站、网络设备、安全设备等)是否接入网络安全监测装置	至变电站现场查看,并核对设备运行情况及标签	1. 没有部署网络安全监测装置或者未接入网络安全管理平台,每个站扣 0.2分。 2. 检查具备接入条件的监测对象（服务器、工作站、网络设备、安全设备等),未接入网络安全监测装置,每台扣 0.1 分	

序号	评价项目	层面	标准分	评分标准	查证方法	评分方法	层面	标准分	评分标准	查证方法	评分方法	备注
7	综合技术与管理	地调 200 分/县调 200 分										
7.1	调度机构基础建设	地调	25				县调	25				
7.1.1	人员配置	地调	4	1. 调控机构人员岗位配置应满足安全生产工作要求；人员实际到位率应满足单位定员标准。2. 严防因调控机构人员编制不足、人员业务量过大，导致的安全生产事件	参照定员标准，现场检查	1. 未建立覆盖调控机构各专业的人员信息台账体系，未开展人员信息维护的，每发现一次，扣 2 分。2. 若发生因人员编制不足、人员业务工作量过大，导致的安全生产事件，本项不得分。3. 对照本单位批复的定员标准，各专业、班组，实际到位率低于 90%，扣 20%标准分；低于 80%的，本项不得分	县调	4	1. 调控机构人员岗位配置应满足安全生产工作要求；人员实际到位率应满足单位定员标准。2. 严防因调控机构人员编制不足、人员业务量过大，导致的安全生产事件	参照定员标准，现场检查	1. 未建立覆盖调控机构各专业的业务承载力评估体系，未开展业务承载力分析的，每发现一次，扣 2 分。2. 若发生因人员编制不足、人员业务工作量过大，导致的安全生产事件，本项不得分。3. 对照本单位批复的定员标准，各专业、班组，实际到位率低于 90%，扣 20%标准分；低于 80%的，本项不得分	必查项
7.1.2	规程和规章制度	地调	4	1. 应配备必备的法律、法规、技术标准、规章制度等文件，加强分级分类和目录管理，动态修	查阅有关资料	1. 未建立分级分类和目录管理的，每发现一次，扣 2 分；未配备齐全各类资料的，每少 1 条，扣 1 分。	县调	4	应配备必备的法律、法规、技术标准、规章制度等文件，加强分级分类和目录	查阅有关资料	1. 未建立分级分类和目录管理的，每发现一次，扣 2 分。	必查项

序号	评价项目	层面	标准分	评分标准	查证方法	评分方法	层面	标准分	评分标准	查证方法	评分方法	备注
7.1.2	规程和规章制度	地调	4	编目录，及时更新，每年至少做一次有效性检查。2. 应按上级要求和实际工作及时制定、动态修订电网运行及专业安全管理工作实施细则，保证其实效性和可操作性	查阅有关资料	2. 未及时制定、更新修编各类实施细则及行文发布和实施的，每发现一次，扣2分	县调	4	管理，动态修编目录，及时更新，每年至少做一次有效性检查	查阅有关资料	2. 未配备齐全各类资料的，每少1条，扣1分	必查项
7.1.3	上级调度年度重点工作、日常布置的专业管理工作落实情况	地调	4	各专业应认真完成上级调度布置的重点工作、专业工作	上级调控机构考核	未及时完成的，每发现一次，扣1分	县调	4	各专业应认真完成上级调度完成布置的重点工作、专业工作	上级调控机构考核	未及时完成的，每发现一次，扣1分	必查项
7.1.4	信息、资料	地调	4	1. 各专业相关信息、资料报送及时、正确。2. 按要求及时维护国调中心安全监督管理系统信息资料	上级调控机构评估	1. 未及时报送的，每发生一次，扣0.5分；数据不正确的，每次扣0.5分。2. 未按要求及时维护国调中心安全监督管理系统信息资料的，每发现一次，扣1分	县调	4	1. 各专业相关信息、资料报送及时、正确。2. 按要求及时维护国调中心安全监督管理系统信息资料	上级调控机构评估	1. 未及时报送的，每发生一次，扣0.5分；数据不正确的，每次扣0.5分。2. 未按要求及时维护国调中心安全监督管理系统信息资料的，每发现一次，扣1分	

序号	评价项目	层面	标准分	评分标准	查证方法	评分方法	层面	标准分	评分标准	查证方法	评分方法	备注
7.1.5	外来工作人员管理	地调	2	1. 建立健全外来维护、开发技术人员的管理制度，规范外来工作人员操作行为，保障调控场所及自动化系统运行安全。2. 外来工作人员上岗前须经安全知识培训考试，合格后持证或佩戴标志上岗；在从事有危险或易引起电网事故、设备事故的工作时，应在有经验的本单位人员带领和监护下进行工作，并做好安全措施	查阅相关制度、运行维护记录和现场查看	1. 未建立相关制度，扣2分。2. 12个月内发生因外来运维人员操作对自动化系统安全运行造成影响的，本项不得分。3. 未按要求实行外来人员培训考试、持证上岗、工作监护等规定的，每发现一次，扣1分	县调	2	1. 建立健全外来维护、开发技术人员的管理制度，规范外来人员操作行为，保障调控场所及自动化系统运行安全。2. 外来工作人员上岗前须经安全知识培训考试，合格后持证或佩戴标志上岗；在从事有危险或易引起电网事故、设备事故的工作时，应在有经验的本单位人员带领和监护下进行工作，并做好安全措施	查阅相关制度、运行维护记录和现场查看	1. 未建立相关制度，扣2分。2. 12个月内发生因外来运维人员操作对自动化系统安全运行造成影响的，本项不得分。3. 未按要求实行外来人员培训考试、持证上岗、工作监护等规定的，每发现一次，扣1分	
7.1.6	信息安全管理	地调	4	1. 落实全员信息安全教育工作，全体员工均应签署网络安全承诺书。2. 外来工作人员应进行安全教育及安全交底，并签署保密承诺书	查阅相关记录	1. 未签订网络安全承诺书的，该项不得分。2. 外来人员未进行安全教育、安全交底及签订保密承诺书和网络安全承诺书的，每发现一次，扣1分	县调	4	1. 落实全员信息安全教育工作，涉密信息内部人员应签署网络安全承诺书。2. 外来工作人员应进行安全教育及安全交底，并签署保密承诺书	查阅相关记录	1. 未签订网络安全承诺书的，该项不得分。2. 外来人员未进行安全教育、安全交底及签订保密承诺书和网络安全承诺书的，每发现一次，扣1分	

序号	评价项目	层面	标准分	评分标准	查证方法	评分方法	层面	标准分	评分标准	查证方法	评分方法	备注
7.1.7	调控重要场所安保管理	地调	3	1. 调控重要场所（如调控大厅、机房）应部署门禁系统，并按规定使用。 2. 实行外来人员出入登记管理制度	现场检查	1. 未配置门禁系统或门禁系统使用不正常，该项不得分。 2. 未实行出入登记制度的，每发现一次，扣1分。	县调	3	1. 调控重要场所（如调控大厅、机房）应部署门禁系统，并按规定使用。 2. 实行外来人员出入登记管理制度	现场检查	1. 未配置门禁系统或门禁系统使用不正常，该项不得分。 2. 未实行出入登记制度的，每发现一次，扣1分。	
7.2	安全目标管理	地调	20				县调	20				
7.2.1	安全生产目标	地调	10	参照上级调控机构的安全生产目标，每年制订本机构和各专业的安全生产控制目标	查阅有关资料	1. 未制订调控机构年度安全生产控制目标的，本项不得分。 2. 未制订各专业年度安全生产控制目标的，每少一个专业，扣1分	县调	10	参照上级调控机构的安全生产目标，每年制订本机构和各专业的安全生产控制目标	查阅有关资料	1. 未制订调控机构年度安全生产控制目标的,本项不得分。 2. 未制订各专业年度安全生产控制目标的，每少一个专业，扣1分	必查项
7.2.2	安全生产责任制	地调	10	1. 应有健全的各级、各类人员安全生产责任清单并贯彻执行。 2. 每年全员签订岗位安全责任书，安全生产责任书，应具有	随机抽查1~2个室（班组）安全生产管理情况，随机抽查5名职工。现场查看资料	1. 未建立安全责任清单的，本项不得分。 2. 未签订年度安全生产责任书的，本项不得分。 3. 抽查中每发现一个专业（班	县调	10	1. 应有健全的各级、各类人员安全生产责任清单并贯彻执行。 2. 每年全员签订岗位安全责任书，安全生产责任书，应具有	随机抽查1~2个室（班组）安全生产管理情况，随机抽查5名职工。现场查看资料	1. 未建立安全责任清单的，本项不得分。 2. 未签订年度安全生产责任书的，本项不得分。 3. 抽查中每发现一个专业（班	必查项

序号	评价项目	层面	标准分	评分标准	查证方法	评分方法	层面	标准分	评分标准	查证方法	评分方法	备注
7.2.2	安全生产责任制	地调	10	针对性、层次性，实行多层级控制，人员岗位变动后，应重新签订安全责任书	随机抽查1～2个室（班组）安全生产管理情况，随机抽查5名职工。现场查看资料	组）或员工对本专业（岗位）安全生产责任不明确的，扣1分	县调	10	针对性、层次性，实行多层级控制，人员岗位变动后，应重新签订安全责任书	随机抽查1～2个室（班组）安全生产管理情况，随机抽查5名职工。现场查看资料	组）或员工对本专业（岗位）安全生产责任不明确的，扣1分	必查项
7.3	安全监督管理	地调	60				县调	60				
7.3.1	安全监督体系建设	地调	15	1. 应设置专职安全员，各班组有兼职安全员，各级安全员应有明确的职责。 2. 建立中心、班组两级安全监督体系，并明确其责任和权利。 3. 建立所辖电网调度系统安全监督网络，并明确其责任和权利	查阅有关资料	1. 未设置专职安全员、班组未设置兼职安全员的，本项不得分。 2. 未建立两级安全监督体系的，本项不得分。 3. 未明确监督体系责任和权利的，本项不得分。 4. 未建立所辖电网调度系统安全监督网络的，本项不得分。 5. 未明确体系责任和权利的，每发现一次，扣1分	县调	15	1. 应设置专（兼）职安全员，班组有兼职安全员，各级安全员应有明确的职责。 2. 建立中心、班组两级安全监督体系，并明确其责任和权利	查阅有关资料	1. 未设置专（兼）职安全员、班组未设置兼职安全员的，本项不得分。 2. 未建立两级安全监督体系的，本项不得分。 3. 未明确监督体系责任和权利的，本项不得分	

序号	评价项目	层面	标准分	评分标准	查证方法	评分方法	层面	标准分	评分标准	查证方法	评分方法	备注
7.3.2	安全监督	地调	15	1. 建立中心、班组内部日常监督和检查的常态机制。2. 应按月检查"两票"（包括调控操作票、检修票、电力监控工作票等）执行情况以及交接班记录、调控录音、机房管理，值班日志、电网风险预警通知书发布及解除情况等，并形成监督查评报告，提出评价意见和整改建议	按照《电网调度安全分析制度》《调控机构安全监督规定》查阅料、调查核实	1. 未建立日常监督检查的常态机制的，本项不得分。2. 未按月形成监督查评报告的，本项不得分。3. 每缺一个月监督报告，扣30%标准分	县调	15	1. 建立中心、班组内部日常监督和检查的常态机制。2. 应按月检查"两票"（包括调控操作票、检修票、电力监控工作票等）执行情况以及交接班记录、调控录音、机房管理，值班日志、电网风险预警通知书发布及解除情况等，并形成监督查评报告，提出评价意见和整改建议	按照《电网调度安全分析制度》查阅资料、调查核实	1. 未建立日常监督检查的常态机制的，本项不得分。2. 未按月形成监督查评报告的，本项不得分。3. 每缺一个月监督报告，扣30%标准分	
7.3.3	安全隐患分析报告及安全隐患查找激励机制	地调	10	应对电网存在的安全隐患及时组织分析并向公司主管部门提出整改建议	查阅资料、调查核实	1. 未定期或及时组织分析电网存在的安全隐患的，每发现一次，扣2分。2. 对发现的隐患未向公司主管部门提整改建议的，每发现一次，扣2分	县调	10	应对电网存在的安全隐患及时组织分析并向公司主管部门提出整改建议	查阅资料、调查核实	1. 未及时组织分析电网存在的安全隐患的，每发现一次，扣2分。2. 对发现的隐患未向公司主管部门提整改建议的，每发现一次，扣2分	必查项

序号	评价项目	层面	标准分	评分标准	查证方法	评分方法	层面	标准分	评分标准	查证方法	评分方法	备注
7.3.4	反事故措施计划落实情况	地调	10	1. 各专业应及时执行上级下达的反事故措施计划。2. 结合实际工作，定期或及时制订反事故措施计划并下达落实	进行实地查看；查阅资料、调查核实	1. 未按要求执行反措计划的，每发现一次，扣2分。2. 执行情况不满足要求的，每发现一次，扣2分	县调	10	按要求落实反事故措施计划	进行实地查看；查阅资料、调查核实	1. 未按要求执行反措计划的，每发现一次，扣2分。2. 执行情况不满足要求的，每发现一次，扣2分	
7.3.5	涉网安全监督管理	地调	10	1. 应依法依规履行并网电厂涉网的并网调度协议、并网条件、电网反事故措施、电力监控系统安全防护等监督职责。2. 加强分布式电源接入配电网的安全管控措施落实情况监督	进行实地查看；查阅资料、调查核实	每缺少一项，扣10%标准分	县调	10	1. 应依法依规履行并网电厂涉网的并网调度协议、并网条件、电网反事故措施、电力监控系统安全防护等监督职责。2. 加强分布式电源接入配电网的安全管控措施落实情况监督	进行实地查看；查阅资料、调查核实	每缺少一项，扣10%标准分	
7.4	安全例行工作	地调	30				县调	30				
7.4.1	安全生产保障能力评估	地调	4	1. 应对照评估标准开展自查评工作，针对存在的问题制订整改计划，落实整改。	查阅资料、调查核实	1. 未开展自查评工作的，本项不得分；自查评工作不满足要求的，每发现一次，扣1分。	县调	4	应对照评估标准开展自查评工作，针对存在的问题制订整改计划，落实整改	查阅资料、调查核实	1. 未开展自查评工作的，本项不得分；自查评工作不满足要求的，每发现一次，扣1分。	必查项

227

序号	评价项目	层面	标准分	评分标准	查证方法	评分方法	层面	标准分	评分标准	查证方法	评分方法	备注
7.4.1	安全生产保障能力评估	地调	4	2. 每 3～5 年组织专家对所属县（配）调开展安全生产保障能力评估工作，并制订相关工作计划	查阅资料、调查核实	2. 未开展所属县（配）调现场查评的，本项不得分；查评工作不满足要求的，每发现一次，扣 1 分	县调	4	应对照评估标准开展自查评工作，针对存在的问题制订整改计划，落实整改	查阅资料、调查核实	2. 未按要求对上级专家查评结果开展整改的以及未将整改情况报上级机构备案的，每发现一次，扣 1 分	必查项
7.4.2	安全检查	地调	8	1. 调控机构应按照上级要求开展迎峰度夏（冬、汛）、节假日及特殊保电等时期的各类安全检查。 2. 每年组织不少于一次调控系统安全专项检查，编制检查提纲、制订整改方案并督促落实	查阅资料	1. 未按照上级要求开展各类专项安全检查的，每缺一次，扣 2 分；检查情况不满足要求的，每发现一次，扣 2 分。 2. 未组织调控系统专项安全检查的，本项不得分；每少一个专业，扣 20%标准分	县调	8	调控机构应按照上级要求开展迎峰度夏（冬、汛）、节假日及特殊保电等时期的各类安全检查	查阅资料	未按照上级要求开展各类专项安全检查的，每缺一次，扣 2 分；检查情况不满足要求的，每发现一次，扣 2 分	必查项
7.4.3	安全日活动	地调	7	1. 每年至少组织 2 次以上全员安全日活动，传达上级安全生产要求，学习事故通报和安全生产简报，布置安全生产工作等。	查阅资料	1. 全员安全日活动每少一次，扣 1 分；活动记录不满足要求的，每发现一次，扣 1 分。 2. 班组安全日活动情况，不满足要求的，每发现一次，扣 1 分	县调	7	1. 每年至少组织 2 次以上全员安全日活动，传达上级安全生产要求，学习事故通报和安全生产简报，布置安全生产工作等。	查阅资料	1. 全员安全日活动每少一次，扣 1 分；活动记录不满足要求的，每发现一次，扣 1 分。 2. 班组安全日活动情况，不满足要求的，每发现一次，扣 1 分	必查项

序号	评价项目	层面	标准分	评分标准	查证方法	评分方法	层面	标准分	评分标准	查证方法	评分方法	备注
7.4.3	安全日活动	地调	7	2. 所辖班组应每周组织安全日活动，并做好记录；班组主管领导每月至少参加一次班组安全活动，对安全活动进行检查指导	查阅资料		县调	7	2. 所辖班组应每周组织安全日活动，并做好记录；班组主管领导每月至少参加一次班组安全活动，对安全活动进行检查指导	查阅资料		必查项
7.4.4	安全例会	地调	5	1. 应每周召开一次安全生产例会，协调解决各专业（班组）安全工作存在的问题。2. 应定期或结合实际工作，召开相关专业的电网安全分析会（至少每季度一次），通报电网运行情况并形成会议纪要	查阅资料	1. 周例会次数不满足要求的，每缺1次，扣0.5分。2. 安全例会不满足要求的，每缺一次，扣1分；会议纪要不满足要求的，每发现一次，扣1分	县调	5	应每周召开一次安全生产例会，协调解决各专业（班组）安全工作存在的问题	查阅资料	周例会次数不满足要求的，每缺一次，扣0.5分	必查项

序号	评价项目	层面	标准分	评分标准	查证方法	评分方法	层面	标准分	评分标准	查证方法	评分方法	备注
7.4.5	安全风险评估和危险点分析	地调	6	应具备风险评估及危险点分析的常态机制，进行年度、节假日及特殊保电时期的风险评估及危险点分析，提出控制要点	查阅资料	1. 查阅电网风险预警通知书执行情况，每缺少一次，扣20%标准分。 2. 查阅年度运行方式、节假日及特殊时期保电预案编制和执行情况，每缺少一次，扣20%标准分	县调	6	应编制节假日及特殊保电时期的事故处置方案	查阅资料	1. 查阅电网风险预警通知书执行情况，每缺少一次，扣20%标准分。 2. 查阅节假日及特殊时期事故处置方案，每缺少一次，扣20%标准分	必查项
7.5	调控应急管理	地调	20				县调	20				
7.5.1	调控应急管理机制	地调	6	1. 应成立应急指挥工作组，接受本单位应急领导小组的统一领导和指挥。 2. 结合实际需要成立故障处置、技术支持、综合协调等专业小组，协同参与应急处置工作	现场核实、查阅资料	1. 未建立调控系统应急管理体系的，本项不得分。 2. 应急队伍以及处置小组职责不明确的，每发现一次，扣1分	县调	6	应成立应急指挥工作组，接受本单位应急领导小组的统一领导和指挥	现场核实、查阅资料	应急队伍以及处置小组职责不明确的，每发现一次，扣1分	

序号	评价项目	层面	标准分	评分标准	查证方法	评分方法	层面	标准分	评分标准	查证方法	评分方法	备注
7.5.2	应急预案管理	地调	7	1. 按照要求，建立健全各类应急预案体系，并符合预案管理流程；每年组织一次评估，并及时组织预案修订工作。 2. 涉及上、下级和多个调控机构的，应实行预案的报备和协调制度，明确协调配合要求。 3. 定期组织开展各类预案的应急演练工作，并实行演练—分析—评估—改进	查资料和备份介质等，调查核实	1. 预案体系不健全的，预案编制、评估和修订不满足要求的，每发现一次，扣1分。 2. 报备和协调制度不满足要求的，每发现一次，扣1分。 3. 应急预案演练不满足演练—分析—评估—改进要求的，每发现一次，扣1分	县调	7	1. 按照要求建立健全各类应急预案体系，并符合预案管理流程；每年组织一次评估，并及时组织预案修订工作。 2. 涉及上级和多个调控机构的，应实行预案的报备和协调制度，明确协调配合要求。 3. 定期组织开展各类预案的应急演练工作，并进行分析—评估—改进	查资料和备份介质等，调查核实	1. 预案体系不健全的，预案编制、评估和修订不满足要求的，每发现一次，扣1分。 2. 报备和协调制度不满足要求的，每发现一次，扣1分。 3. 应急预案演练不满足演练—分析—评估—改进要求的，每发现一次，扣1分	必查项
7.5.3	应急培训和演练	地调	7	1. 应定期组织相关人员培训。 2. 至少每年组织一次电网联合反事故演习，以检验预案的合理性及各级应急队伍的响应能力，提高协同处理电力突发事件的能力。	查培训计划以及记录，现场查资料	1. 应急预案培训工作不满足要求的，每发现一次，扣1分。 2. 现场考问相关人员，对预案内容未掌握，每发现一次，扣1分。	县调	7	1. 应定期组织相关人员开展应急预案培训。 2. 至少每年组织一次电网联合反事故演习，以检验预案的合理性及各级应急队伍的响应能力	培训计划以及记录，现场查资料	1. 应急预案培训工作不满足要求的，每发现一次，扣1分。 2. 现场考问相关人员，对预案内容未掌握，每发现一次，扣1分。	

序号	评价项目	层面	标准分	评分标准	查证方法	评分方法	层面	标准分	评分标准	查证方法	评分方法	备注
7.5.3	应急培训和演练	地调	7	3. 至少每月组织一次调控专业反事故演习	查培训计划以及记录,现场查资料	3. 联合反事故演习及每月反事故演习工作不满足要求的,每发现一次,扣2分	县调	7	提高协同处理电力突发事件的能力	培训计划以及记录,现场查资料	3. 联合反事故演习工作不满足要求的,每发现一次,扣2分	
7.6	培训管理	地调	20				县调	20				
7.6.1	专业知识培训	地调	5	1. 每年应根据上级调度工作要求和自身工作实际,制订年度培训计划并实施。 2. 调控运行人员每年至少2次现场培训,离岗3个月及以上调控人员,需经考试合格后方可上岗。 3. 班组应开展岗位练兵、每周一练、反事故演习等多种形式的培训活动	查阅培训计划、培训记录及相关培训资料	1. 年度培训计划、培训实施,不满足要求的,每发现一次,扣1分。 2. 调控人员现场培训和离岗人员培训不满足要求的,每发现一次,扣1分	县调	5	1. 每年应根据上级调度工作要求和自身工作实际,制订年度培训计划并实施。 2. 调控运行人员每年至少2次现场培训,离岗3个月及以上调控人员,需经考试合格后方可上岗。 3. 班组应开展岗位练兵、每周一练、反事故演习等多种形式的培训活动	查阅培训计划、培训记录及相关培训资料	1. 年度培训计划、培训实施,不满足要求的,每发现一次,扣1分。 2. 调控人员现场培训和离岗人员培训不满足要求的,每发现一次,扣1分	

序号	评价项目	层面	标准分	评分标准	查证方法	评分方法	层面	标准分	评分标准	查证方法	评分方法	备注
7.6.2	安全教育	地调	5	1. 应制定年度安全生产教育培训计划，学习内容至少包括安全规章制度、电力安规、《电网调控运行百问百查读本》《电网调控运行反违章指南》等内容。安全生产教育培训应结合调控运行特点和日常业务开展。每年至少组织一次安全知识考试。2. 参加公司组织的触电现场急救法、消防器材使用、现场紧急情况处置等培训。3. 应学会应学会自救互救方法、疏散和现场紧急情况处理方法	查阅培训计划、培训记录及相关培训资料	1. 教育计划不满足要求的，每发现一次，扣1分；安全考试每发现一人不及格的，扣1分。2. 各类安全技能培训工作不满足要求的，每发现一次，扣1分	县调	5	1. 应制定年度安全生产教育培训计划，学习内容至少包括安全规章制度、电力安规、《电网调控运行百问百查读本》《电网调控运行反违章指南》等内容。安全生产教育培训应结合调控运行特点和日常业务开展。每年至少组织一次安全知识考试。2. 参加公司组织的触电现场急救法、消防器材使用、现场紧急情况处置等培训。3. 应学会应学会自救互救方法、疏散和现场紧急情况处理方法	查阅有关培训和考试档案或记录	1. 教育计划不满足要求的，每发现一次，扣1分。2. 安全考试每发现一人不及格的，扣1分。3. 各类安全技能培训工作不满足要求的，每发现一次，扣1分	

序号	评价项目	层面	标准分	评分标准	查证方法	评分方法	层面	标准分	评分标准	查证方法	评分方法	备注
7.6.3	新员工培训	地调	5	1. 新进人员（含外聘运行、维护人员）应全部经过安全教育，经考试合格后上岗。 2. 新上岗员工必须经专业知识培训并经考试合格后方可上岗	查培训资料，现场检查	安全和专业知识培训不满足要求的，每发现一次，扣1分	县调	5	1. 新进人员（含外聘运行、维护人员）应全部经过安全教育，经考试合格后上岗。 2. 新上岗员工必须经专业知识培训并经考试合格后方可上岗	查培训资料，现场检查	安全和专业知识培训不满足要求的，每发现一次，扣1分	
7.6.4	外协人员与现场施工人员培训	地调	5	1. 外协人员与现场施工人员应进行安全教育培训以及安全措施交底。 2. 安全交底应有完整的交底资料和交底记录，并经双方交底人员签字	查资料，现场检查	1. 安全教育培训及安全措施交底不满足要求的，每发现一次，扣1分。 2. 安全交底记录和资料不满足要求的，每发现一次，扣1分	县调	5	1. 外协人员与现场施工人员应进行安全教育培训以及安全措施交底。 2. 安全交底应有完整的交底资料和交底记录，并经双方交底人员签字	查资料，调查核实	1. 安全教育培训及安全措施交底不满足要求的，每发现一次，扣1分。 2. 安全交底记录和资料不满足要求的，每发现一次，扣1分	
7.7	消防安全	地调	5				县调	5				
7.7.1	消防管理	地调	5	1. 有重要场所及部位防火管理办法；调控场所、自动化机房等防火重点部位	查阅资料，现场查看	1. 自动化机房的消防告警未接入公司大楼消防告警系统的，本项不得分。	县调	5	1. 有重要场所及部位防火管理办法；调控场所、自动化机房等防火重点部位	查阅资料，现场查看	1. 自动化机房的消防告警未接入公司大楼消防告警系统的，本项不得分。	

序号	评价项目	层面	标准分	评分标准	查证方法	评分方法	层面	标准分	评分标准	查证方法	评分方法	备注
7.7.1	消防管理	地调	5	有符合规定的明显标志且按规定配置灭火装置。 2. 自动化机房应配置电气设备火灾专用的防火器材，且应定期巡视。 3. 自动化机房的消防告警应接入公司大楼消防告警系统	查阅资料，现场查看	2. 无重要场所及部位防火管理办法的，扣1分。无明显消防标志或消防器材不满足要求的，每发现一次，0.5分。 3. 自动化机房专用灭火装置配置和巡视不满足要求的，每发现一次，扣2分	县调	5	有符合规定的明显标志且按规定配置灭火装置。 2. 自动化机房应配置电气设备火灾专用的防火器材，且应定期巡视。 3. 自动化机房的消防告警应接入公司大楼消防告警系统	查阅资料，现场查看	2. 无重要场所及部位防火管理办法的，扣1分；无明显消防标志或消防器材不满足要求的，每发现一次，0.5分。 3. 自动化机房专用灭火装置配置和巡视不满足要求的，每发现一次，扣2分	
7.8	备调管理	地调	10				县调	10				
7.8.1	备调建设	地调	4	建立独立于主调的备调应急值班场所，需满足调控运行、电网监控和技术支持业务开展	现场检查	未建立备调场所且无备调系统功能的，本项不得分	县调	4	建立独立于主调的备调应急值班场所或采用地调值班场所作为县调备调，需满足调控运行、电网监控和技术支持业务开展。每年开展一次备调切换演练	查阅资料	未建立备调场所且无备调系统功能的，本项不得分	必查项

序号	评价项目	层面	标准分	评分标准	查证方法	评分方法	层面	标准分	评分标准	查证方法	评分方法	备注
7.8.2	技术支持系统建设	地调	4	1. 主备调相互接入对侧系统远程终端，主调具备使用备调远程终端开展（部分）调控业务，主、备调控系统并列运行、交叉应用功能。 2. UPS电源、调度电话配置等均满足调度功能要求。 3. 主备调调控技术支持系统保持同步运行，并按照《电力监控系统安全防护规定》的要求建立完备的安全防护体系，确保核心业务可靠切换	查阅资料、现场检查	1. 未按照要求实现主备调系统终端相互接入的，本项不得分。 2. 未具备在主调使用备调终端的，每发现一次，扣1分。 3. UPS电源、调度电话配置、安全防护体系等不满足要求的，每发现一次，扣1分	县调	4	满足《国家电网公司地县级调控机构主备调综合转换演练评估标准》（调技〔2015〕95号）要求	查阅资料、现场检查	对照《国家电网公司地县级调控机构主备调综合转换演练评估标准》（调技〔2015〕95号）标准，每缺一项，扣10%标准分	必查项

序号	评价项目	层面	标准分	评分标准	查证方法	评分方法	层面	标准分	评分标准	查证方法	评分方法	备注
7.8.3	备调演练	地调	2	1. 应加强备调运行管理，动态修订备调启用应急方案，明确组织体系、人员配置、技术支持及后勤保障等要求，规范备调启用的工作流程。 2. 每年制定备调演练计划；每月至少组织一次专业演练，校验主备调技术支持系统及管理资料的一致性、可用性；每季度组织一次备调短时转入应急工作模式的整体演练；每年组织一次调控指挥权向备调转移的综合演练，全面检验备调运行水平和主备调业务切换能力。 3. 建立演练—分析—评估—改进机制，提升备调管理能力	查阅资料	1. 备调应急管理制度不完备的，每发现一处，扣1分。 2. 备调演练不满足要求的，每发现一次，扣1分。 3. 备调演练—分析—评估—改进不满足要求的，每发现一次，扣1分	县调	2	满足《国家电网公司地县级调控机构主备调综合转换演练评估标准》（调技〔2015〕95号）要求	查阅资料	按照《国家电网公司地县级调控机构主备调综合转换演练评估标准》（调技〔2015〕95号）标准，每缺一项，扣10%标准分	

序号	评价项目	层面	标准分	评分标准	查证方法	评分方法	层面	标准分	评分标准	查证方法	评分方法	备注
7.9	内控机制建设	地调	10				县调	10				
7.9.1	核心业务流程建立	地调	5	调控机构应针对新设备启动、调控倒闸操作、调度自动化系统设备检修、日前停电计划、继电保护定值整定及流转、技术支持系统使用等电网调控主要生产活动，按要求开展核心业务流程及标准化作业程序建设	现场查看系统、查阅资料	1. 未建立核心业务流程标准化作业程序的，本项不得分。 2. 每缺少一项核心业务流程，扣10%标准分	县调	5	调控机构应针对新设备启动、调控倒闸操作、调度自动化系统设备检修、日前停电计划、继电保护定值整定及流转、技术支持系统使用等电网调控主要生产活动，按要求开展核心业务流程及标准化作业程序建设	现场查看系统、查阅资料	1. 未建立核心业务流程标准化作业程序的，本项不得分。 2. 每缺少一项核心业务流程，扣10%标准分	
7.9.2	核心业务流程监督	地调	5	应加强核心业务流程建立、执行到审计、监督、评估和改进的全过程管理，在流程固化工作节点内容、时标等工作的监督，在流程中实现上下支撑、相互监督	查阅资料	不满足监督要求的，本项不得分；核心业务流程监督工作中每缺少一项，扣10%标准分	县调	5	应加强核心业务流程建立、执行到审计、监督、评估和改进的全过程管理，在流程固化工作节点内容、时标等工作的监督，在流程中实现上下支撑、相互监督	查阅资料、由上级调控机构评价	1. 不满足监督要求的，本项不得分。 2. 核心业务流程监督工作中每缺少一项，扣10%标准分	

序号	评价项目	层面	标准分	评分标准	查证方法	评分方法	备注
8	**配网调控（配抢）运行与管理**		**180分**				
8.1	调控运行与管理	配调	115				
8.1.1	调控运行日常管理	配调	30				
8.1.1.1	调度（调控）管理规程	配调	5	1. 配网调度（调控）管理规程修订周期应不超过5年。 2. 当所辖电网或调度管理关系发生重大变化时，地调牵头、配调配合修订或制定补充规定，规范配电网调控管理。 3. 配调严格执行配电网调控规程及地调的相关配网调控工作要求	查阅最新修订并下发的调度管理规程或补充规定；查阅配电网调控管理流程	1. 超过5年未配合地调修订相关管理规程，本项不得分。 2. 所辖电网或调度管理关系发生重大变化未及时配合地调修订或制定补充规定，本项不得分。 3. 未执行配电网调控规程及工作要求或执行不到位，本项不得分	必查项
8.1.1.2	调控操作管理	配调	5	调控运行值班人员下令操作应严格遵守调控操作规定： 1. 在进行调度业务联系时，使用普通话，互报单位姓名，核对设备状态。 2. 使用规范的调度术语和双重名称，执行操作录音、复诵制度，负责操作指令的正确性。发布指令的全过程和听取指令的报告时应录音并做好记录	查看调控操作记录，每月抽查5个调控值班人员下令电话录音	1. 未核对设备状态、未执行操作复诵制度，每发现一次，扣20%标准分。 2. 操作对系统或设备运行造成不良影响，每发现一次，本项不得分	必查项
8.1.1.3	重大事件汇报及调控信息报送	配调	5	1. 严格执行重大事件汇报制度，汇报要及时、准确。 2. 严格执行调控生产信息报送制度，做到口径正确，报送及时、数据准确。调控机构应在调控运行值班人员（含岗位）或联系方式发生变化时，及时将现有调控运行值班人员名单及联系方式报告上级调控机构，并通知各调控联系单位	以上级调控机构记录为依据	1. 重大事件汇报不及时、不准确，每发现一次，扣50%标准分。调度生产信息报送不及时、不准确，每发现一次，扣20%标准分。 2. 每发现一家调控联系单位所持有的该调控机构的调控运行人员（含岗位）和联系方式不正确，扣20%标准分	必查项

序号	评价项目	层面	标准分	评分标准	查证方法	评分方法	备注
8.1.1.4	超供电能力限电序位表和事故限电序位表	配调	5	配调应收集调度管辖范围内电网的限电序位表，并根据相关要求执行	查阅超供电能力和事故限电序位表	序位表每缺一项，扣40%标准分；无序位表，本项不得分	必查项
8.1.1.5	配网调控管辖范围	配调	5	实现对10kV配电网调控范围全覆盖。模式一：完成所有10kV（20kV、6kV）配电网调控范围全覆盖。模式二：完成对10kV（20kV、6kV）主干线的直调全覆盖，对10kV分支线完成许可管理的全覆盖	现场查看操作票系统、调度范围划分文件及配网电子图	1.未将10kV（20kV、6kV）主干线全部纳入直调范围，且分支线未全部实现许可管理的，扣30%标准分。2.未实现10kV（20kV、6kV）主干线调控范围全覆盖，不得分。3.未制定配网设备操作后在电子图上对开关、刀闸置位的相关管理细则，扣20%标准分；未开展在电子图上进行开关、刀闸置位工作，扣30%标准分	必查项
8.1.1.6	配网调控人员资质管理	配调	5	在岗调控人员应经培训、考核合格取得任职资格	查阅发文、证书、培训台账或相关文件	1.副值及以上调控员未取得上岗资格证书直接上岗，本项不得分。2.每发现一位配网调控员上岗资格证书过期，扣10%标准分	
8.1.2	调控运行安全管理	配调	20				
8.1.2.1	配网故障处置演练	配调	8	1.每季至少进行1次配网故障处置演练。2.每年至少进行1次两级以上调控机构参加的联合电网故障处置演练。具备条件的应使用调控联合仿真培训系统。演练应包括典型演练（迎峰度夏、度冬）、保电演练、防灾演练等	查阅电网故障处置、备调演练相关资料	1.不能按季进行电网故障处置演练的，扣15%标准分。2.每年未进行两级以上调控机构参加的联合电网故障处置演练的，扣40%标准分	必查项

序号	评价项目	层面	标准分	评分标准	查证方法	评分方法	备注
8.1.2.2	配网调控机构应急处置预案及典型事故处置预案	配调	6	1. 调控机构应制定电网大面积停电、通信中断、调度自动化系统全停、配电自动化主站全停、调度场所失火、极端自然灾害等的应急处置预案，并组织预案的培训学习、演练。 2. 调控机构应根据电网薄弱环节和上级调控机构有关规定编制典型事故处理预案，并根据电网结构和方式变化滚动修订，组织各级调控预案的学习、交流、演练。对于电网检修方式，应具备与风险预警对应的事故预案。 3. 预案的印刷、存放应严格执行保密制度	查阅所编制的电网应急处置预案及典型事故处理预案和交流演练记录。现场考问	1. 无电网应急处置预案，本项不得分。 2. 典型事故处理预案不符合电网运行实际，起不到指导作用，本项不得分。 3. 预案数量不满足调控运行需要，扣50%标准分。 4. 未及时滚动修订，扣30%标准分。 5. 未组织各级调控预案的学习、交流、演练，扣50%标准分。 6. 预案的印刷、存放未严格执行保密制度，扣50%标准分，发生泄密事件，扣100%标准分。 7. 无风险预警针对性事故预案，扣50%标准分	必查项
8.1.2.3	调控交接班管控	配调	6	1. 调度值班人员在交接班期间应严格执行"交接班"制度。 2. 认真履行交接班手续，并做好记录	查看交接班记录，按月抽查5个交接班记录	1. 无交接班记录，扣100%标准分。 2. 交接班内容不规范，每项扣分20%	
8.1.3	调控运行分析	配调	20				
8.1.3.1	电压运行监控	配调	10	能够对系统电压进行在线监控，对电网进行自动电压控制。调控运行值班人员负责受控站所辖电压等级母线电压的运行监视和调整，应符合地调管理要求： 1. 正常运行方式时，不发生母线电压越限的情况（有特殊要求的或无用户出线的母线除外）。 2. 事故运行方式时，母线电压符合调度规程要求	查阅电网电压分析月报、自动电压控制运行月报	1. 无电压监视或遥控调整功能，本项不得分；不能对母线电压越限情况进行自动排序，扣20%标准分。 2. 正常运行方式时，每发生一次母线电压连续20min超限额运行，扣10%标准分（因上一级电网电压越限造成本级电网电压越限的情况除外）。 3. 事故运行方式时，每发生一次母线电压连续20min超限额运行，扣10%标准分	必查项

序号	评价项目	层面	标准分	评分标准	查证方法	评分方法	备注
8.1.3.2	输变配电设备负载、重要断面监视	配调	10	有输变配电设备负载、重要断面监视功能，能够对监控管辖范围内的输变配电设备负载进行在线监测和告警，不发生输变配电设备及重要断面超限运行的情况	查阅日、月、年输变电设备负载及重要断面越限统计情况	无输变配电设备负载、重要断面监视和告警功能，本项不得分	必查项
8.1.4	变电站集中监控管理	配调	15				
8.1.4.1	已实施无人值守变电站技术条件核查，新变电站纳入集中监控许可管理开展情况	配调	15	1. 220kV及以下变电站参照《国家电网公司关于切实做好330kV以上无人值守变电站集中监控相关工作的通知》（国家电网调〔2013〕581号）中无人值守变电站技术条件要求执行。 2. 配合地调统一组织实施35～220kV变电站纳入集中监控许可管理	检查监控系统。检查从查评当月起前推12个自然月内新投及改造变电站纳入集中监控许可管理相关资料	1. 集中监控完善率每降低2%，扣1分。 2. 未开展变电站纳入集中监控许可管理，此项不得分。 3. 每缺少一项管理内容，扣20%标准分	
8.1.5	监控信息管理	配调	10				
8.1.5.1	监控信息规范管理优化整治	配调	5	1. 依据《35～1000kV变电站监控典型信息表》，对在运变电站监控信息采集范围、命名及分类进行规范。 2. 变电站监控信息接入规范率100%。 3. 加强对频发、误发、漏发、伴随、调试信息的优化管理，采取筛选、归并、延时等措施，提高监控告警信息质量	现场查阅监控系统，检查从查评当月起前推12个自然月变电站监控信息告警情况	1. 未开展在运变电站监控信息优化、整治，此项不得分。 2. 监控信息规范接入率达不到100%，每降低1个百分点，扣10%标准分。 3. 未开展监控告警信息优化治理，导致告警信息严重频发、误发，此项不得分	变电站监控信息规范接入率=监控信息正确接入条数/全部监控信息条数×100%

续表

序号	评价项目	层面	标准分	评分标准	查证方法	评分方法	备注
8.1.5.2	监控信息接入（变更）管理	配调	5	依据《国家电网公司变电站设备监控信息接入验收管理规定》（国家电网企管〔2016〕649号）、《调控机构监控信息变更和验收管理规定（试行）》查证	现场检查OMS系统流程，查阅联调工作方案等相关资料	1. 未开展监控信息接入审批管理，此项不得分。 2. 未实现流程上线流转，扣50%标准分。 3. 联调过程未制定工作方案，扣50%标准分。 4. 工作方案每缺一项内容，扣20%标准分	必查项
8.1.6	集中监控设备管理	配调	10				
8.1.6.1	集中监控设备台账管理	配调	5	通过与PMS系统资源共享，在OMS系统中应建立集中监控变电站设备台账	查阅OMS系统	1. 未在OMS系统中建立设备信息台账，扣60%标准分。 2. 台账不全、维护更新不及时，酌情扣分	必查项
8.1.6.2	集中监控缺陷管理流程及处理情况	配调	5	1. 应建立基于OMS的缺陷发现、登记、处理、验收闭环管理流程，监控缺陷应具备查询、统计、分析等功能，实现运行与检修体系缺陷信息共享。 2. 应定期对缺陷处理情况进行统计、分析。消缺周期内缺陷处理及时率≥95%	查阅OMS系统缺陷管理功能，查阅缺陷记录，检查从查评当月起前推12个自然月内缺陷处理情况	1. 未建立缺陷管理流程此项不得分，没有系统功能，扣40%标准分；不具备查询、统计、分析任一功能，扣10%标准分；未实现与大检修缺陷信息共享，扣10%标准分。 2. 未开展缺陷处理统计分析，此项不得分；缺陷处理率或及时率未达到标准值，每降5%，扣20%标准分	
8.1.7	监控运行分析及评价	配调	5				

序号	评价项目	层面	标准分	评分标准	查证方法	评分方法	备注
8.1.7.1	监控运行分析开展、发布及落实反馈情况	配调	5	按《国家电网公司调控机构设备集中监视管理规定》（国家电网企管〔2014〕454号）规定，调控机构应每月组织召开相关专业等参加的监控运行分析例会，公布上月设备监控运行情况，汇报上月例会提出事项的落实情况，形成会议纪要并发送相关单位、部门。应建立监控信息定期与专项分析机制	查阅从查评当月起前推12个自然月内会议纪要、监控运行分析报告等相关资料	1. 未开展监控运行分析，此项不得分；每缺少一次分析，扣20%标准分。 2. 监控运行分析内容不全面，每缺少一项内容，扣10%标准分。 3. 未进行监控运行分析的发布及落实反馈，此项不得分；每缺少一次发布，扣20%标准分	
8.1.8	断路器远方操作	配调	5				
8.1.8.1	开关远方操作技术条件及实际开展情况	配调	5	1. 配网调控中心管辖范围内具备远方操作条件的开关与集中监控变电站内开关总数之比达100%。 2. 35kV及以下故障停运线路远方试送实际操作开关数量与应由配网调控中心管辖范围内远方开关数之比达98%，开展开关常态化远方操作	查阅调度日志、操作票、录音、文件资料，现场检查	1. 调控中心具备远方操作条件的开关与集中监控变电站内开关总数之比没有达到100%，按比例扣分。 2. 未开展开关常态化远方操作的，扣40%标准分。 3. 未统计分析集中监控变电站范围内开关远方操作情况的，或未报备不具备远方操作条件的开关的，每发现一次，扣10%标准分	必查项
8.2	配网抢修资料健全	供服/县调	65				
8.2.1	配网抢修指挥资料配备	供服/县调	5	协助生产单位、营销等部门制作涵盖电气一次图、终端用户信息、现场抢修责任区的0.4～10kV配网抢修指挥业务信息图（表），确保图物相符，责任明确	现场检查	1. 未建立0.4～10kV配网抢修指挥业务信息图（表）的纸质文件或电子文档的，扣50%标准分。 2. 发现一次接线图不全或与实际不对应的，以及终端用户信息不全的，应及时向相关部门反映，每有一项未反映的，扣10%标准分。 3. 现场抢修责任区划分不明确的，扣10%标准分	
8.2.2	配网抢修指挥业务运转	供服/县调	60				

续表

序号	评价项目	层面	标准分	评分标准	查证方法	评分方法	备注
8.2.2.1	业务环节建立工作流程	供服/县调	10	严格执行工单接收、故障研判、派单指挥、回单审核、工单回复等业务环节的抢修指挥工作流程	查阅资料、有关记录	每有一个地县调抢修指挥业务流程不规范或缺少业务环节的，扣20%标准分	
8.2.2.2	停电信息	供服/县调	10	负责停电信息的更新、维护，保证停电信息规范	查阅资料、有关记录	每发现一条停电信息不规范，扣10%标准分；一条停电信息发布或维护不及时，扣10%标准分	
8.2.2.3	建立业务分析体系，制定分析指标	供服/县调	10	1. 建立业务分析体系，制定分析指标。 2. 结合国家电网有限公司各项服务指标，制定配网抢修指挥业务评价考核指标。 3. 建立通报机制	查阅资料，有关记录	1. 未完成业务分析和工作评价，不得分。 2. 评价考核指标制定不全面的，每有一处，扣20%标准分。 3. 未建立通报机制，扣20%标准分	
8.2.2.4	建立应急互备机制	供服	10	1. 建立包括本地备用、异地备用的应急备用机制，在场所、电源、网络等设施故障情况下，备用单位能够快速启动，处理事故单位配抢指挥核心业务。 2. 组织互备单位之间每年至少开展一次应急互备演练	查阅资料、有关记录	1. 未建立互备机制，本项不得分。 2. 未开展应急互备演练，扣50%标准分	
8.2.2.5	现场抢修班组部署远程工作站配备	供服/县调	10	根据单位实际情况，在现场抢修班组部署远程工作站（终端）或手机APP，实现工单在线流转和现场填单、回单	现场检查设备	未在现场抢修班组部署远程工作站（终端）或手机APP，未实现抢修人员负责填报处理过程及故障详细情况的，每有一处，扣50%标准分	
8.2.2.6	建立配网抢修配网调度工作互通机制	供服	10	1. 建立配网抢修配网调度工作互通机制。 2. 配网调度员将10kV线路及设备故障等抢修信息及时通知配网抢修指挥值班员。配网抢修指挥人员在根据故障抢修工单研判为10kV设备故障时及时通知配网调度员，建立工作互通机制	现场检查	1. 未建立互通机制，本项不得分。 2. 无开展互通记录，扣20%标准分	